U0376488

全国建设职业教育系列教材

建筑装饰基本计算

全国建设职业教育教材编委会

韩　飞　主编

中国建筑工业出版社

图书在版编目（CIP）数据

建筑装饰基本计算/全国建设职业教育教材编委会编.
北京：中国建筑工业出版社，1999
全国建设职业教育系列教材
ISBN 7-112-04037-X

Ⅰ.建…　Ⅱ.全…　Ⅲ.建筑装饰-工程计算-技术
教育-教材　Ⅳ.TU767

中国版本图书馆 CIP 数据核字（1999）第 55654 号

全国建设职业教育系列教材

建筑装饰基本计算

全国建设职业教育教材编委会

韩　飞　主编

*

中国建筑工业出版社出版、发行（北京西郊百万庄）
新华书店总店科技发行所发行
北京建筑工业印刷厂印刷

*

开本:787×1092 毫米　1/16　印张:10　字数:237 千字
2000 年 6 月第一版　2000 年 6 月第一次印刷
印数:1—2,000 册　定价:**13.50** 元
ISBN 7-112-04037-X
G·315(9444)

本书主要介绍装饰工所需要了解的本专业计算的主要任务和常用计算公式、符号，以及必要的数学基础知识和力学基础知识，详细介绍了建筑装饰工程定额与预算的基本理论和定额应用知识。在此基础上，阐述了"全国统一建筑装饰预算定额"各章的项目内容、使用说明、工程量计算规则以及工料估算等基本知识。

读者对象：建筑装饰专业技工、职高、中专学校师生，建筑装饰施工一线的施工人员等。

"建筑装饰"专业教材（共四册）
总主编　黄珍珍
《建筑装饰基本计算》
主编　韩飞
参编　徐宁　王灿伦　黄伟典

序

改革开放以来，随着我国经济持续、健康、快速的发展，建筑业在国民经济中支柱产业的地位日益突出。但是，由于建筑队伍急剧扩大，建筑施工一线操作层实用人才素质不高，并由此而造成建筑业部分产品质量低劣，安全事故时有发生的问题已引起社会的广泛关注。为改变这一状况，改革和发展建设职业教育，提高人才培养的质量和效益，已成为振兴建筑业的刻不容缓的任务。

德国"双元制"职业教育体系，对二次大战后德国经济的恢复和目前经济的发展发挥着举足轻重的作用，成为德国经济振兴的"秘密武器"，引起举世瞩目。我国于 1982 年首先在建筑领域引进"双元制"经验。1990 年以来，在国家教委和有关单位的积极倡导和支持下，建设部人事教育劳动司与德国汉斯·赛德尔基金会合作，在部分职业学校进行借鉴德国"双元制"职业教育经验的试点工作，取得显著成果，积累了可贵的经验，并受到企业界的欢迎。随着试点工作的深入开展，为了做好试点的推广工作和推进建设职业教育的改革，在德国专家的指导和帮助下，根据"中华人民共和国建设部技工学校建筑安装类专业目录"和有关教学文件要求，我们组织部分试点学校着手编写建筑结构施工、建筑装饰、管道安装、电气安装等专业的系列教材。

本套"建筑装饰"专业教材在教学内容上，符合建设部 1996 年颁发的《建设行业职业技能标准》和《建设职业技能岗位鉴定规范》要求，是建筑类技工学校和职业高中教学用书，也适用于各类岗位培训及供一线施工管理和技术人员参考。读者可根据需要购买全套或单册学习使用。

为使该套教材日臻完善，望各地在教学和使用过程中，提出修改意见，以便进一步完善。

全国建设职业教育教材编委会
1999 年 11 月

前　言

　　"建筑装饰"专业教材是根据《建设系统技工学校建安类专业目录》和建设部双元制教学试点"建筑装饰"专业教学大纲编写的。该套教材突破以往按学科体系设置课程的形式，依据建设部《建设行业职业技能标准》对培养中级技术工人的要求，遵循教学规律，按照专业理论、专业计算、专业制图和专业实践四个部分分别形成《建筑装饰基本理论知识》、《建筑装饰基本计算》、《建筑装饰识图与翻样》和《建筑装饰实际操作》四门课程。突出技能培养，以专业实践活动为核心，力求形成新的课程体系。

　　本套教材教学内容具有较强的针对性、实用性和综合性，根据一线现场施工的需要，对原有装饰专业课程内容作大胆的取舍、调整、充实，按照初、中、高三个层次由浅入深进行编写，旨在培养一专多能复合型的建筑装饰技术操作人才。四本教材形成理论与实践相结合的一个整体，是建筑装饰专业教学系列用书，但每本书由于门类分工不同又具有自己的独立性，也可单独使用。

　　本套教材力求深入浅出，通俗易懂。在编排上采用双栏排版，图文对照，新颖直观。为了便于教学与自学者掌握重点，每章节后都附有小结、复习思考题和练习题，供学习掌握要点和复习巩固所学知识用。

　　《建筑装饰基本计算》系"双元制"建筑装饰系列丛书之一。本书由山东省建筑安装技工学校装饰教研室韩飞主编，全书共分4章，主要介绍装饰工所需要了解的本专业计算的主要任务和常用计算公式、符号，以及必要的数学基础知识和力学基础知识，详细介绍了建筑装饰工程定额和预算的基本理论和定额应用知识，并阐述了全国统一建筑装饰预算定额各章的项目内容、使用说明、工程量计算规则及定额的应用和人工、材料的估算等基本知识。

　　参加本书编写的山东省建筑安装技工学校人员：韩飞（第1章、第3章1~4节），徐宁（第2章）、王灿伦（第3章5~8节）、黄伟典（第4章）。

　　本套教材由江西省城市建设技工学校黄珍珍任总主编。由北京城建（集团）装饰工程公司总工程师韦章裕、中建一局二公司高级工程师胡宏文主审。在编写过程中，建设部人事教育司和中国建设教育协会有关领导给予了积极有力的支持，并作了大量组织协调工作。德国赛德尔基金会给予了大力支持和指导。各参编学校领导也给予了极大的关注和支持。在此，一并表示衷心的感谢。

　　由于双元制的试点工作尚在逐步推广之中，本套教材又是一次全新的尝试，加之编者水平有限，编写时间仓促，书中定有不少缺点和错误，望各位专家和读者批评指正。

目　　录

第 1 章 概 述

本章将主要阐述建筑装饰工基本计算的性质和任务，以及基本计算的内容和学习方法，介绍常用符号、计量单位和单位的换算，并列出常用计算表格以备参考。

1.1 基本计算的性质和任务

我们在做实际工程时往往先估量一下材料用量、人工及工程造价，对工程有一个概括性认识。通过对专业理论及专业知识的学习，对先前的估量计算，我们会用科学的手段把它进一步深化和细化，以满足装饰工程的施工要求。作为过程本身应是先有理论，后有计算。所以说基本计算是理论知识在实践中的具体应用，是专业理论的进一步补充和说明，是专业理论与实践相结合的有效手段。例如，家庭居室装修，首先测量一下空间尺寸，做出施工图方案，然后运用理论知识计算出各种材料用量及相应人工用量，并相应做出施工组织方案，之后才能实施施工，并做出全部造价来。

综上所述，基本计算的性质和任务就是对具体工程的定性、定量分析之后，对人力、物力、财力的合理运用和分配。

1.2 基本计算的内容和学习方法

1.2.1 基本计算的内容

基本计算有较强的针对性和专业性。装饰工的计算，运用数学工具这一手段，分析杆件的受力性能，在满足其安全性、适用性基础上，使其经济合理；计算出工程量及材料用量，以最少的人力、财力的投入，以最短的工期完成工程施工。因此，本课程从介绍常用计算符号、代号，计算单位以及常用计算表格入手，将计算涉及到初等数学的基

本公式、定理及主要应用，概括地作了阐述。为了对构件的安全性和适用性做定性、定量的分析，在第 3 章"建筑力学与结构的基本知识"部分，详细介绍了力、约束与约束的反力、力的基本公理、平面一般力系、平面汇交力系及平面力偶系的合成及平衡条件应用、杆件的内力分析以及杆件的材料强度条件等内容。为了对材料用量及工程造价有可行性的评估，在专业计算中还详细地介绍了建筑面积及工程量计算规则、用料分析与评价、费用的构成及计算方法，建筑装饰工程预算的编制方法和依据，并通过例题说明各种方法、计算规则、取费标准在装饰工程项目中的应用。

1.2.2 基本计算的学习方法

要想学好基本计算，必须学好相关的文化基础课和专业理论课，良好的数学基础是学好工程数学的有力工具。工程数学中的计算公式及方法和物理中的静力学部分的研究方法，是我们学好"建筑力学与结构基本知识"必须具备的基础。建筑装饰工程预算的编制，是以装饰施工图纸为依据，识图和读图是关键，因此学好装饰专业工程制图，提高识图能力，保证概（预）算的准确性和经济合理性，是十分重要的。

对基本计算的学习应注意以下几点：

（1）在学习工程数学时，应注意和纯数学的区别。工程数学主要强调它的实际应用，应以掌握基本计算公式、定理和应用计算为主，通过做一些习题，特别是针对本专业计算的一些实例，加强对基本理论知识的理解，加强与实际工程的联系，这样才能使

数学成为我们解决实际问题的有力工具。

（2）在学习建筑力学与结构基本知识时，应以能辨别杆件的安全性和适用性为目的，掌握计算方法及适用条件，多与实际采用的材料联系。

（3）在学习装饰工程预算时，应以掌握各项工程计算规则、用料分析、费用构成为主，学会单位工程概（预）算的编制方法和程序。通过和其他专业课程的横向联系，以及实际应用的训练，才能加强对预算中涉及到的理论知识的理解和掌握。

（4）要区别不同计算的特征。本书中涉及面广，计算方法和公式较多，必须针对不同类型区别它们的特征。注意它们之间的差异和内在联系，通过同相应的专业理论联

系，加强记忆，才能达到正确使用的目的。

（5）要注重于理论联系实际。基本计算针对性、实践性均较强，只有通过实践的检验，在实践中应用，才能体会它的准确性和合理性。所以，在学习过程中，多联系实际，才能真正掌握和学会应用。

1.3　基本计算常用符号、单位及数据

在专业基本计算时，经常要用到一些符号和代号，涉及到单位之间换算，常用的数据需要查阅。为此给出以下一些表格，以备参考选用（见表 1-1 ~ 表 1-13）。

主　要　符　号　表　　　　　　　　　　表 1-1

符　号	符　号　意　义	常　用　单　位
A	面　积	mm^2　m^2
E	弹性模量	MPa　GPa
G	剪切弹性模量	MPa　GPa
L（L_x，L_y）	惯性矩（下脚标表示对该轴）	mm^4　m^4
K	安全系数	
M	弯　矩	N·m　kN·m
N	轴　力	N　kN
Q	剪　力	N　kN
q	线分布荷载集度	N/m　kN/m
R	合力　支反力	N　kN
W（W_x，W_y）	抗弯截面系数	mm^3　m^3
f	挠　度	mm　m
γ	剪应变	无量纲
δ	延伸率	无量纲
ε	线应变	无量纲
θ	梁的转角	rad
μ	泊松比	无量纲
σ	正应力	MPa（$1MPa = 10^6 N/m^2 = 1N/mm^2$）
σ^0	极限应力	MPa
$[\sigma]$	许用应力	MPa
σ_p	比例极限	MPa
σ_e	弹性极限	MPa
σ_s	屈服极限	MPa
σ_b	强度极限	MPa

符 号	符 号 意 义	常 用 单 位
τ	剪应力	MPa
$[\tau]$	许用剪应力	MPa
τ_p	剪切比例极限	MPa
ψ	截面收缩率	无量纲
M_{28}	砂浆28天的抗压强度	MPa
f_c^b	水泥标号	MPa
f_c	水泥实际强度	MPa
$M_{配}$	试配强度	MPa
Q_c	水泥用量	kg
D	石灰膏用量	kg
V	体 积	m^3
S	砂子用量	kg
ρ	密 度	g/cm^3
L	跨 度	mm m
$[f]$	容许挠度	mm m
W	水的用量	kg
G	石子用量	kg
S_p	砂 率	无量纲
f_c、f_t	抗压、抗拉强度设计值	MPa

工程常用量的单位换算表 表1-2

单位物理量	国 际 单 位		常 用 工 程 单 位		附 注
	米 (m)	毫米 (mm)	米 (m)	厘米 (cm)	
长 度	1	10^3	1	10^2	
	10^{-3}	1	10^{-3}	10^{-1}	
	10^{-2}	10	10^{-2}	1	
	平方米 (m^2)	平方毫米 (mm^2)	平方米 (m^2)	平方厘米 (cm^2)	
面 积	1	10^6	1	10^4	
	10^{-6}	1	10^{-6}	10^{-2}	
	10^{-4}	10^2	10^{-4}	1	
	立方米 (m^3)	立方毫米 (mm^3)	立方米 (m^3)	立方厘米 (cm^3)	
体 积	1	10^9	1	10^6	
	10^{-9}	1	10^{-9}	10^{-3}	
	10^{-6}	10^3	10^{-6}	1	

单位物理量	国际单位		常用工程单位		附注
力	牛顿 (N)	千牛顿 (kN)	公斤力 (kgf)	吨力 (tf)	$1kgf = 9.8N$
	1	10^{-3}	1.02×10^{-2}	1.02×10^{-4}	
	10^3	1	1.02×10^2	1.02×10^{-1}	
	9.8	9.8×10^{-3}	1	10^{-3}	
	9.8×10^3	9.8	10^3	1	
荷载集度	牛顿每米 (N/m)	千牛顿每米 (kN/m)	公斤力每厘米 (kgf/cm)	吨力每米 (tf/m)	
	1	10^{-3}	1.02×10^{-3}	1.02×10^{-4}	
	10^3	1	1.02	1.02×10^{-1}	
	9.8×10^2	9.8×10^{-1}	1	10^{-1}	
	9.8×10^3	9.8	10	1	
应力强度	帕斯卡 (Pa)	兆帕斯卡 (MPa)	公斤力每平方厘米 (kgf/cm²)	吨力每平方米 (tf/m²)	$1Pa = 1N/m^2$
	1	10^{-6}	1.02×10^{-5}	1.02×10^{-4}	$1MPa = 1N/mm^2$
	10^6	1	1.02×10	1.02×10^2	$1kgf/cm^2 \approx 10MPa$
	9.8×10^4	9.8×10^{-2}	1	10	
	9.8×10^3	9.8×10^{-3}	10^{-1}	1	
弹性模量	吉帕斯卡 (GPa)	兆帕斯卡 (MPa)	兆公斤力每平方厘米 (10^6 kgf/cm²)	公斤力每平方厘米 (kgf/cm²)	$1GPa = 10^3 Pa$
	1	10^3	1.02×10^{-9}	1.02×10^4	
	9.8×10	9.8×10^4	1	1×10^6	
重力密度	牛顿每立方米 (N/m³)	千牛顿每立方米 (kN/m³)	公斤力每立方米 (kgf/m³)	吨力每立方米 (tf/m³)	
	1	10^{-3}	1.02×10^{-1}	1.02×10^{-4}	
	10^3	1	1.02×10^2	1.02×10^{-1}	
	9.8	9.8×10^{-3}	1	10^{-3}	
	9.8×10^3	9.8	10^3	1	
力矩	牛顿·米 (N·m)	千牛顿·米 (kN·m)	公斤力·米 (kgf·m)	吨力·米 (tf·m)	
	1	10^{-3}	1.02×10^{-1}	1.02×10^{-4}	
	10^3	1	1.02×10^2	1.02×10^{-1}	
	9.8	9.8×10^{-3}	1	10^{-3}	
	9.8×10^3	9.8	10^3	1	

名　称	代号	公　式	常用单位	说　明
实 际密 度	ρ	$\rho = m/V$	g/cm³	m：材料干燥状态下的重量（g） V：材料绝对密实状态下的体积（cm）
表 观密 度	ρ_0	$\rho_0 = m/V_1$	g/cm³	m：材料的重量（g） V_1：材料在自然状态下的体积（cm³）
孔隙率	ξ	$\xi = \dfrac{V_1 - V}{V_1} \times 100\%$ $= \left(1 - \dfrac{\rho_0}{\rho}\right) \times 100\%$	%	计算松散状态的颗粒之间的 ζ 时，V 为颗粒体积，V_1 为松散体积
强 度	R	$R = P/F$	MPa（N/mm²）	P：破坏时的重力（N） F：受力面积（mm²）
含水率	W	$m_水/m$	%	$m_水$：材料中所含水质（g） m：材料干燥重量（g）
重 量吸水率	$B_重$	$B_重 = \dfrac{m_1 - m}{m} \times 100\%$	%	m：材料干燥重量（g） m_1：材料吸水饱和状态下的重量（g）
体 积吸水率	$B_体$	$B_体 = \dfrac{m_1 - m}{V_1} \times 100\%$ $= B_重 \cdot \rho_0$	%	V_1：材料在自然状态下的体积（cm³） m、m_1、ρ_0 同上
软 化系 数	K_p	$K_p = R_饱/R_干$		$R_饱$：材料在水饱和状态下的抗压强度（MPa 或 N/mm²） $R_干$：材料在干燥状态下的抗压强度（MPa 或 N/mm²）
渗 透系 数	K	$\dfrac{Q}{A} = K\dfrac{H}{L}$		Q/A：单位时间内渗过材料试件单位面积的水量 H/L：压力水头和渗透距离（试件厚度）的比值
导 热系 数	λ		W/m·K （kcal/m·h·℃）	物体厚 1m，两表面温差 1℃时，1h 通过 1m² 围护结构表面积的热量
热 阻	R		m²·K/W （m²·h·℃/kcal）	室外温差为 1℃，使 1kcal 热量通过 1m² 围护结构表面积的热量
比 热	C	$C = Q/P \times (t_1 - t_2)$	kJ/kg·K （kcal/kg·℃）	Q：加热物体所耗热量（kJ） P：材料重量（kg） $t_1 - t_2$：物体加热前后的温度差
蓄 热系 数	S		W/m²·K	表面温度波动 1℃时，在 1h 内，1m² 围护结构表面吸收和散发的热量
蒸汽渗透系数	μ		g/m·h·mmHg	材料厚 1m，两侧水蒸气分压力差为 1mmHg时，1h 经过 1m² 表面积扩散的水蒸气量
吸 声系 数	α	$\alpha = \dfrac{E}{E_0}$	%	材料吸收声能与入射声能的比值

常 用 材 料 重 量

表 1-4

名 称	重 量		附 注
	单 位	数 量	
杉 木	kg/m³	400～500	
松 木	kg/m³	500～600	$\rho=1.55$, $\lambda=0.15～0.35$
硬 杂 木	kg/m³	600～700	
锯 末	kg/m³	200～250	$\lambda=0.07～0.09$
木纤维板	kg/m³	200～1000	$\lambda=0.07～0.34$
刨花板	kg/m³	300～600	$\lambda=0.14～0.23$
胶合三夹板	kg/m²	1.9～2.8	
胶合五夹板	kg/m²	3.0～3.9	
胶合七夹板	kg/m²	5.8	
软木板	kg/m²	250	$\lambda=0.07$
铸 铁	kg/m³	7250	$\rho=7.2～7.4$
钢	kg/m³	7850	$\rho=7.85$, $\lambda=58$
铜	kg/m³	8500～8900	$\rho=8.5～8.9$
铝	kg/m³	2700	$\rho=2.73$
铝合金	kg/m³	2800	
石 棉	kg/m³	1000	压实，$\lambda=0.22$
石 棉	kg/m³	400	松 散
石膏粉	kg/m³	900	
石膏块	kg/m³	1300～1450	
水 泥	kg/m³	1250～1450	$\rho=3.1$
水泥砂浆	kg/m³	2000	$\lambda=0.93$
石灰砂浆、混合砂浆	kg/m³	1700	$\lambda=0.87$
水泥蛭石砂浆	kg/m³	500～800	
膨胀珍珠岩砂浆	kg/m³	700～1500	
纸筋石灰泥	kg/m³	1600	
花岗石、大理石	kg/m³	2800	$\rho=2.6～3.0$
石 灰 石	kg/m³	2640	$\rho=2.6～2.8$
毛 石	kg/m³	1700	
普 通 砖	kg/m³	1800～1900	$\rho=2.5$, $\lambda=0.81$
耐 火 砖	kg/m³	1900～2200	$\rho=1.8～2.1$
灰 砂 砖	kg/m³	1800	

名　称	重　量		附　注
	单　位	数　量	
土坯砖	kg/m³	1200～1500	$\lambda = 0.7$
粘土空心砖	kg/m³	1100～1450	$\rho = 2.5$；$\lambda = 0.47$
瓷面砖	kg/m²	1780	
陶瓷锦砖	kg/m²	12	厚5mm
粘土瓦	kg/块	3	
生石灰块	kg/m³	1100	$\rho = 1.1$
生石灰粉	kg/m³	1200	$\rho = 1.2$
熟石灰膏	kg/m³	1350	
水泥蛭石板	kg/m³	400～500	$\lambda = 0.1～0.4$
普通玻璃	kg/m³	2550	$\rho = 2.5$，$\lambda = 0.76$
玻璃棉	kg/m³	50～100	$\lambda = 0.04～0.05$
玻璃钢	kg/m³	1400～2200	
矿渣棉	kg/m³	120～150	$\lambda = 0.03～0.04$
沥青矿渣棉毡	kg/m³	120～160	$\lambda = 0.04～0.05$
膨胀珍珠岩粉	kg/m³	80～200	$\lambda = 0.04～0.05$
膨胀蛭石	kg/m³	80～200	$\lambda = 0.05～0.07$
稻草	kg/m³	120～250	$\lambda = 0.05～0.21$
聚氯乙烯板（管）	kg/m³	1350～1600	$\rho = 1.35～1.60$
聚氯乙烯泡沫塑料	kg/m³	190	$\lambda = 0.06$
聚苯乙烯泡沫塑料	kg/m³	30～50	$\lambda = 0.03～0.05$
石棉板	kg/m³	1300	$\lambda = 0.35$
石膏板	kg/m³	1100	$\lambda = 0.41$
石油沥青	kg/m³	1000～1100	$\rho = 1.0～1.1$
煤沥青	kg/m³	1340	
煤焦油	kg/m³	1000	$\rho = 1.25$
乳化沥青	kg/m³	980～1050	
汽油	kg/m³	640～670	$\rho = 0.73$
柴油	kg/m³	870～920	
水（40℃时）	kg/m³	1000	$\rho = 1.0$，$\lambda = 0.58$
冰	kg/m³	896	$\lambda = 2.33$

注：ρ——密度（g/cm³）；λ——导热系数（W/m·K）。

图　形	尺寸符号	面积（F）　表面积（S）	重　心（G）
正方形	a——边长 d——对角线	$F = a^2$ $a = \sqrt{F} = 0.707d$ $d = 1.414a = 1.414\sqrt{F}$	在对角线交点上
长方形	a——短边 b——长边 d——对角线	$F = a \cdot b$ $d = \sqrt{a^2 + b^2}$	在对角线交点上
三角形	h——高 l——$\frac{1}{2}$周长 a、b、c——对应角 A、B、C 的边长	$F = \dfrac{bh}{2} = \dfrac{1}{2}ab\sin C$ $l = \dfrac{a+b+c}{2}$	$GD = \dfrac{1}{3}BD$ $CD = DA$
平行四边形	a、b——邻边 h——对边间的距离	$F = b \cdot h = a \cdot b\sin\alpha$ $= \dfrac{AC \cdot BD}{2} \cdot \sin\beta$	对角线交点上
梯形	$CE = AB$ $AF = CD$ $a = CD$（上底边） $b = AB$（下底边） h——高	$F = \dfrac{a+b}{2} \cdot h$	$HG = \dfrac{h}{3} \cdot \dfrac{a+2b}{a+b}$ $RG = \dfrac{h}{3} \cdot \dfrac{2a+b}{a+b}$
圆形	r——半径 d——直径 p——圆周长	$F = \pi r^2 = \dfrac{1}{4}\pi d^2$ $= 0.785d^2 = 0.07958p^2$ $p = \pi d$	在圆心上
椭圆形	a、b——主轴	$F = \dfrac{\pi}{4}a \cdot b$	在主轴交点 G 上
扇形	r——半径 s——弧长 a——弧 s 的对应中心角	$F = \dfrac{1}{2}r \cdot s = \dfrac{a}{360}\pi r^2$ $s = \dfrac{a\pi}{180}r$	$GO = \dfrac{2}{3} \cdot \dfrac{rb}{s}$ 当 $a = 90°$ 时 $GO = \dfrac{4}{3} \cdot \dfrac{\sqrt{2}}{\pi}r \approx 0.6r$
弓形	r——半径 s——弧长 a——中心角 b——弦长 h——弦高	$F = \dfrac{1}{2}r^2\left(\dfrac{a\pi}{180} - \sin\alpha\right)$ $= \dfrac{1}{2}[r(s-b)+bh]$ $s = r \cdot a \cdot \dfrac{\pi}{180} = 0.0175r \cdot a$ $h = r - \sqrt{r^2 - \dfrac{1}{4}a^2}$	$GO = \dfrac{1}{12} \cdot \dfrac{b^2}{F}$ 当 $\alpha = 180°$ 时 $GO = \dfrac{4r}{3\pi} = 0.4244r$

图　形	尺寸符号	面积（F）　表面积（S）	重　心（G）
圆环	R——外半径 r——内半径 D——外直径 d——内直径 t——环宽 D_{pj}——平均直径	$F = \pi\,(R^2 - r^2)$ $= \dfrac{\pi}{4}\,(D^2 - d^2)$ $= \pi \cdot D_{pj}$	在圆心 O
部分圆环	R——外半径 r——内半径 D——外直径 d——内直径 R_{pj}——圆环平均半径 t——环宽	$F = \dfrac{\alpha\pi}{360}\,(R^2 - r^2)$ $= \dfrac{\alpha\pi}{180}\,R_{pj}^t$	$GO = 38.2\,\dfrac{R^3 - r^3}{R^2 - r^2} \cdot \dfrac{\sin\frac{\alpha}{2}}{\frac{\alpha}{2}}$
新月形	$OO_1 = l$——圆心间的距离 d——直径	$F = r^2\left(\pi - \dfrac{\pi}{180}\alpha + \sin\alpha\right)$ $= r^2 \cdot P$ $P = \pi - \dfrac{\pi}{180}\alpha + \sin\alpha$	$O_1 G = \dfrac{(\pi - P)\,L}{2P}$
抛物线形	b——底边 h——高 l——曲线长 S——$\triangle ABC$ 的面积	$l = \sqrt{b^2 + 1.3333h^2}$ $F = \dfrac{2}{3}\,b \cdot h$ $= \dfrac{4}{3} \cdot S$	
等边多边形	a——边长 K_i——系数，i 指多边形 　　　的边数	$F = K \cdot a^2$ 三边形 $K_3 = 0.433$ 四边形 $K_4 = 1.000$ 五边形 $K_5 = 1.720$ 六边形 $K_6 = 2.598$ 七边形 $K_7 = 3.614$ 八边形 $K_8 = 4.828$ 九边形 $K_9 = 6.182$ 十边形 $K_{10} = 7.694$	在内、外接圆心处

图　形	尺寸符号	体积（V）底面积（F） 表面积（S）侧表面积（S_1）	重　心（G）
立方体	a——棱 d——对角线 S——表面积 S_1——侧表面积	$V = a^3$ $S = 6a^2$ $S_1 = 4a^2$	在对角线交点上
长方体	a、b、h——边长 O——底面对角线交点	$V = a \cdot b \cdot h$ $S = 2(a \cdot b + a \cdot h + b \cdot h)$ $S_1 = 2h(a + b)$ $d = \sqrt{a^2 + b^2 + h^2}$	$GO = \dfrac{h}{2}$
三棱柱	a、b、c——边长 h——高 F——底面积 O——底面中线的交点	$V = F \cdot h$ $S = (a + b + c) \cdot h + 2F$ $S_1 = (a + b + c) \cdot h$	$GO = \dfrac{h}{2}$
棱锥	f——一个组合三角形的面积 n——组合三角形的个数 o——锥底各对角线交点	$V = \dfrac{1}{3} F \cdot h$ $S = n \cdot f + F$ $S_1 = n \cdot f$	$GO = \dfrac{h}{4}$
棱台	F_1、F_2——两平行底面的面积 h——底面间的距离 a——一个组合梯形的面积 n——组合梯形数	$V = \dfrac{1}{3} h(F_1 + F_2 + \sqrt{F_1 F_2})$ $S = an + F_1 + F_2$ $S_1 = an$	$GO = \dfrac{h}{4}$ $\times \dfrac{F_1 + 2\sqrt{F_1 F_2} + 3F_2}{F_1 + \sqrt{F_1 F_2} + F_2}$
圆柱和空心圆柱（管）	R——外半径 r——内半径 t——柱壁厚度 p——平均半径 S_1——内外侧面积	圆柱： $V = \pi R^2 \cdot h$ $S = 2\pi Rh + 2\pi R^2$ $S_1 = 2\pi Rh$ 空心直圆柱： $V = \pi h(R^2 - r^2) = 2\pi Rpth$ $S = 2\pi(R + r)h + 2\pi(R^2 - r^2)$ $S_1 = 2\pi(R + r)h$	$GO = \dfrac{h}{2}$

图　形	尺寸符号	体积(V)底面积(F) 表面积(S)侧表面积(S_1)	重　心(G)
斜截直圆柱	h_1——最小高度 h_2——最大高度 r——底面半径	$V = \pi r^2 \cdot \dfrac{h_1 + h_2}{2}$ $S = \pi r(h_1 + h_2) + \pi r^2 \cdot$ $\left(1 + \dfrac{1}{\cos\alpha}\right)$ $S_1 = \pi r(h_1 + h_2)$	$GO = \dfrac{h_1 + h_2}{4}$ $+ \dfrac{r^2 \mathrm{tg}^2\alpha}{4(h_1 + h_2)}$ $GK = \dfrac{1}{2} \cdot \dfrac{r^2}{h_1 + h_2} \cdot \mathrm{tg}\alpha$
圆台	R、r——底面半径 h——高 l——母线	$V = \dfrac{\pi h}{3} \cdot (R^2 + r^2 + Rr)$ $S_1 = \pi l(R + r)$ $l = \sqrt{(R - r)^2 + h^2}$ $S = S_1 + \pi(R^2 + r^2)$	$GO = \dfrac{h}{4} \cdot \dfrac{R^2 + 2Rr + 3r^2}{R^2 + Rr + r^2}$
球	r——半径 d——直径	$V = \dfrac{4}{3}\pi r^3 = \dfrac{\pi d^3}{6} = 0.5236 d^3$ $S = 4\pi r^2 = \pi d^2$	在球心上
球扇形（球楔）	r——球半径 d——弓形底圆直径 h——弓形高	$V = \dfrac{2}{3}\pi r^2 h = 2.0944 r^2 h$ $S = \dfrac{\pi r}{2}(4h + d)$ $= 1.57 r(4h + d)$	$GO = \dfrac{3}{4}\left(r - \dfrac{h}{2}\right)$
球缺	h——球缺的高 r——球缺半径 d——平切圆直径 $S_曲$——曲面面积 S——球缺表面积	$V = \pi h^2\left(r - \dfrac{h}{3}\right)$ $S_曲 = 2\pi rh = \pi\left(\dfrac{d^2}{4} + h^2\right)$ $S = \pi h(4r - h)$ $d^2 = 4h(2r - h)$	$GO = \dfrac{3}{4} \cdot \dfrac{(2r - h)^2}{3r - h}$
圆环体	R——圆环体平均半径 D——圆环体平均直径 d——圆环体截面直径 r——圆环体截面半径	$V = 2\pi^2 R \cdot r^2 = \dfrac{1}{4}\pi^2 Dd^2$ $S = 4\pi^2 Rr = \pi^2 Dd = 39.478 Rr$	在环中心上
交叉圆柱体	r——圆柱半径 l_1、l——圆柱长	$V = \pi r^2\left(l + l_1 - \dfrac{2r}{3}\right)$	在二轴线交点上
梯形体	a、b——下底边长 a_1、b_1——上底边长 h——上、下底边距离（高）	$V = \dfrac{h}{6}\big[(2a + a_1)b$ $+ (2a_1 + a)b_1\big]$ $= \dfrac{h}{6}\big[ab + (a + a_1)(b + b_1)$ $+ a_1 b_1\big]$	

常用钢筋符号 表1-7

钢筋种类	新符号	钢筋种类	新符号
Ⅰ级钢筋	ϕ	冷拉Ⅳ级钢筋（光面）	$\underline{\phi}^l$
冷拉Ⅰ级钢筋	ϕ^l	冷拉Ⅳ级钢筋（螺纹）	
Ⅱ级钢筋	Φ	Ⅴ级钢筋（光面）	$\underline{\phi}^l$
冷拉Ⅱ级钢筋	Φ^l	Ⅴ级钢筋（螺纹）	
Ⅲ级钢筋	Φ	冷拔低碳钢丝	ϕ^b
冷拉Ⅲ级钢筋	Φ^l	碳素钢丝	ϕ^s
Ⅳ级钢筋（光面）	$\underline{\Phi}$	刻痕钢丝	ϕ^k
Ⅳ级钢筋（螺纹）		钢绞线	ϕ^j

常 用 建 筑 构 件 代 号 表1-8

名 称	代 号	名 称	代 号	名 称	代 号	名 称	代 号
板	B	天 沟 板	TGB	托 架	TJ	水 平 支 撑	SC
屋 面 板	WB	梁	L	天 窗 架	CJ	梯	T
空 心 板	KB	屋 面 梁	WL	刚 架	GJ	雨 篷	YP
槽 形 板	CB	吊 车 梁	DL	框 架	KJ	阳 台	YT
折 板	ZB	圈 梁	QL	支 架	ZL	梁 垫	LD
密 肋 板	MB	过 梁	GL	柱	Z	预 埋 件	M
楼 梯 板	TB	连 系 梁	LL	基 础	J	天 窗 端 壁	TD
盖板或沟盖板	GB	基 础 梁	JL	设 备 基 础	SJ	钢 筋 网	W
挡雨板或檐口板	YB	楼 梯 梁	TL	桩	ZH	钢 筋 骨 架	G
吊车安全走道板	DB	檩 条	LT	柱 间 支 撑	ZC		
墙 板	QB	屋 架	WJ	垂 直 支 撑	CC		

注：1. 预制钢筋混凝土构件、现浇钢筋混凝土构件、钢构件和木构件，一般可直接采用本表中的构件代号，在设计中，当需要区别上述构件种类时，应在图纸中加以说明。

2. 预应力钢筋混凝土构件代号，应在构件代号前加注"Y-"，如Y-DL表示预应力钢筋混凝土吊车梁。

木门（毛截面）材积参考表 表1-9

地 区	类 别					
	夹板门	镶纤维板门	镶木板门	半截玻璃门	弹簧门	拼板门
华 北	0.0296	0.0353	0.0466	0.0379	0.0453	0.0520
华 东	0.0287	0.0344	0.0452	0.0368	0.0439	0.0512
东 北	0.0285	0.0341	0.0450	0.0366	0.0437	0.0510
中 南	0.0302	0.0360	0.0475	0.0387	0.0462	0.0539
西 北	0.0258	0.0307	0.0405	0.0330	0.0394	0.0459
西 南	0.0265	0.0316	0.0417	0.0340	0.0406	0.0473

注：1. 本表按无纱门考虑；

2. 本表以华北地区木门窗标准图的平均数为基础，其他地区按断面大小折算；

3. 本表数据仅供参考。

常用圆钉、木螺钉尺寸 表 1-10

号　数	圆钉直径（mm）	木螺丝直径（mm）	号　数	圆钉直径（mm）	木螺丝直径（mm）
3	—	2.39	12	2.77	5.59
4	6.05	2.74	13	2.41	5.94
5	5.59	3.10	14	2.11	6.30
6	5.16	3.45	15	1.83	6.65
7	4.57	3.81	16	1.65	7.01
8	4.19	4.17	17	1.47	7.37
9	3.76	4.52	18	1.25	7.72
10	3.41	4.88	19	1.07	—
11	3.05	5.23	20	0.89	

1m³ 胶合板材积折合张数 表 1-11

规　格		三　层			五　层	说　明
mm	ft	厚3.0mm	厚3.5mm	厚4.0mm	厚6.5mm	
915×610	3×2	597 张	512 张	448 张	276 张	胶合板折材积(指胶合板材积,不是厚木体积):
915×915	3×3	399 张	341 张	299 张	184 张	$1m^3$ 胶合板材积的张数 = $\dfrac{1}{厚 \times 长 \times 宽}$
915×1220	3×4	299 张	256 张	224 张	138 张	例：$1m^3$ 厚 3mm、宽 915mm、长 1830mm 的胶合
915×1525	3×5	239 张	205 张	180 张	110 张	板的张数 = $\dfrac{1}{0.003 \times 0.915 \times 1.830}$ = 199.2 (林业部
915×1830	3×6	200 张	171 张	149 张	92 张	规定为 200 张)

不同高度上平板玻璃的允许使用面积 表 1-12

地上高度（m）	大致对应层数	风压力（MPa）	普通平板玻璃							压花玻璃 4mm	双层中空玻璃			夹丝玻璃	
			3mm	4mm	5mm	6mm	10mm	12mm	19mm		5+5 mm	6+6.8(夹丝层) mm	8+8 mm	6.8mm	10mm
3		9.81	1.80	2.60	3.60	4.40	10.00	12.00	26.00	1.35	5.00	8.50	10.55	4.40	8.50
4		9.81	1.80	2.60	3.60	4.40	10.00	12.00	26.00	1.35	5.00	8.50	10.55	4.40	8.50
5	(1)	10.49	1.67	2.43	3.35	4.12	9.35	11.21	24.30	1.26	4.67	7.57	9.86	4.11	7.94
6		11.57	1.53	2.20	3.05	3.73	8.47	10.17	22.03	1.14	4.24	6.85	8.94	3.73	7.20
7		12.45	1.42	2.05	2.83	3.46	7.87	9.45	20.47	1.06	3.94	6.38	8.30	3.46	6.69
8	(3)	13.34	1.33	1.91	2.65	3.30	7.35	8.82	19.11	0.99	3.67	5.96	7.76	3.23	6.25
9		14.12	1.25	1.81	2.50	3.06	6.94	8.33	18.06	0.93	3.47	5.63	7.33	3.06	5.90
10		14.91	1.18	1.71	2.37	2.89	6.58	7.89	17.11	0.89	3.29	5.33	6.94	2.89	5.59
11		15.59	1.13	1.64	2.26	2.77	6.29	7.55	16.35	0.85	3.14	5.09	6.64	2.77	5.35
12	(4)	16.28	1.08	1.57	2.17	2.65	6.02	7.23	15.66	0.81	3.02	4.88	6.36	2.65	5.12
13		16.97	1.04	1.50	2.08	2.54	5.78	6.94	15.03	0.78	2.89	4.68	6.10	2.54	4.91

地上高度	大致对	风压力	普通平板玻璃							压花玻璃	双层中空玻璃			夹丝玻璃	
(m)	应层数	(MPa)	3mm	4mm	5mm	6mm	10mm	12mm	19mm	4mm	5+5 mm	6+6.8 (夹丝层) mm	8+8 mm	6.8mm	10mm
14		17.55	1.00	1.45	2.00	2.47	5.59	6.70	14.53	0.75	2.79	4.53	5.89	2.46	4.75
15	(5)	18.24	0.97	1.40	1.94	2.37	5.38	6.45	13.98	0.73	2.69	4.35	5.67	2.37	4.57
16		18.83	0.94	1.35	1.88	2.29	5.25	6.25	13.54	0.70	2.60	4.22	5.49	2.29	4.43
18	(6)	19.42	0.91	1.31	1.82	2.22	5.05	6.06	13.13	0.68	2.53	4.09	5.33	2.22	4.20
20	(7)	19.91	0.88	1.28	1.76	2.18	4.93	5.91	12.81	0.67	2.46	3.99	5.20	2.17	4.19
22		20.40	0.87	1.25	1.73	2.12	4.81	5.77	12.50	0.65	2.40	3.89	5.07	2.12	4.09
24	(8)	20.89	0.85	1.22	1.69	2.06	4.69	5.63	12.21	0.63	2.35	3.80	4.95	2.06	3.99
26	(9)	21.28	0.83	1.20	1.63	2.04	4.61	5.53	11.98	0.62	2.30	3.73	4.86	2.03	3.92
28		21.67	0.81	1.18	1.63	1.99	4.52	5.43	11.76	0.61	2.26	3.67	4.77	1.99	3.85
31	(10)	22.16	0.80	1.15	1.59	1.95	4.42	5.31	11.50	0.60	2.21	3.58	4.67	1.95	3.76

高层部位玻璃允许使用面积　　　　　　　　　表 1-13

高度（m）	玻 璃 厚 度 （mm）					
	5	6	8	10	12	19
45	1.36	1.81	2.32	3.38	4.63	10.53
65	1.24	1.65	2.11	3.08	4.23	9.60
85	1.16	1.54	1.98	2.88	3.95	9.01
105	1.10	1.46	1.87	2.73	3.75	8.54
125	1.05	1.40	1.78	2.62	3.59	8.16
175	0.97	1.29	1.65	2.41	3.30	7.51
225	0.91	1.21	1.55	2.26	3.10	7.04

第2章 数学应用知识

数学是研究数量关系与空间图形的科学，是学习建筑装饰专业的重要基础。本章简要介绍初等代数的有关计算和解三角形的相关知识，并且介绍了三角函数、平面图形和空间图形的面积、体积等计算公式及其应用。

2.1 初等代数的基本运算公式

2.1.1 比和比的基本性质

在代数里，我们用字母表示数，两个数 a 和 b 的比，可以写作 $a:b$，a 和 b 叫做比的项，a 叫做比的前项，b 叫做比的后项，$\frac{a}{b}$ 的值叫做这个比的比值（简称值）。这里后项 b 不能等于零。

比的前项和后项同乘以或除以相同的不等于零的数或代数式时，比的值不变。即：

$$a:b = ma:mb \quad (m \neq 0)$$

$$a:b = \frac{a}{m}:\frac{b}{m} \quad (m \neq 0)$$

这一结论称做比的基本性质。

2.1.2 乘法公式

$$(a+b)(a-b) = a^2 + b^2$$
$$(a+b)^2 = a^2 + 2ab + b^2$$
$$(a-b)^2 = a^2 - 2ab + b^2$$
$$(a+b)^3 = a^3 + 3a^2b + 3ab^2 + b^3$$
$$(a-b)^3 = a^3 - 3a^2b + 3ab^2 - b^3$$
$$(a+b)(a^2 - ab + b^2) = a^3 + b^3$$
$$(a-b)(a^2 + ab + b^2) = a^3 - b^3$$

2.1.3 幂的运算法则

$$a^m \cdot a^n = a^{m+n}$$
$$(a^m)^n = a^{mn}$$
$$(ab)^m = a^m b^m$$

其中 $a > 0$，$b > 0$，m、n 为有理数。

【例 2-1】 建堤坝要求有坡度，一般坡度用坡比"i"表示，如图 2-1 所示。坡比计算公式为：$i = AB:BC$，计算 $AB = 3\text{m}$，$BC = 4.50\text{m}$ 时的坡比。

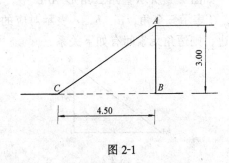

图 2-1

解：$i = 3:4.5 = \frac{3}{3}:\frac{4.5}{3} = 1:1.5$

【例 2-2】 一个四级抹灰工 2.5 天可以抹灰 18.6m^2，若是抹灰面积为 52m^2，需要多少时间？

解：$2.5:x = 18.6:52$

$$x = \frac{2.5 \times 52}{18.6} = 6.989 \approx 7 \text{ 天}$$

【例 2-3】 常用建筑材料含水率的计算公式为 $\lambda = \frac{m_水}{m}$，$m_水$ 为材料中所含水的质量，m 为材料干燥质量。已知某种建筑材料的 $m_水 = a^2 - b^2$，$m = a + b$，先化简，然后求 $a = 3.75$，$b = 3.68$ 时的 λ 值。

解：
$$\lambda = \frac{m_水}{m} = \frac{a^2 - b^2}{a + b}$$
$$= \frac{(a+b)(a-b)}{a+b}$$
$$= a - b$$
$$\lambda = 3.75 - 3.68 = 0.070$$

2.2　三角函数

2.2.1　直角三角形

　　如图 2-2 所示直角三角形 ABC 中，A、B、C 表示三个角，a、b、c 表示对应的三条边，则边角元素间有如下关系：

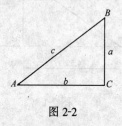

图 2-2

　　(1) 锐角之间的关系：$A + B = 90°$
　　(2) 三边之间的关系：$a^2 + b^2 = c^2$
　　(3) 边角之间的关系：

$$\sin A = \frac{a}{c}$$

$$\cos A = \frac{b}{c}$$

$$\tan A = \frac{a}{b}$$

$$\cot A = \frac{b}{a}$$

$$\sec A = \frac{c}{b}$$

$$\csc A = \frac{c}{a}$$

　　根据边角元素间的关系，在直角三角形除直角以外的 5 个元素中，只要知道其中的两个元素（至少有一条边），就能解直角三角形。

　　【例 2-4】　已知一角钢支架计算简图如图 2-3，图中 $AC = 1$，$BC = \sqrt{3}$，试求

$\angle ABC$ 的大小。

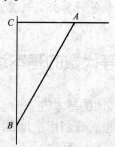

图 2-3

　　解：$\because\ AB = 1$，$BC = \sqrt{3}$

$$\therefore\ \tan B = \frac{AC}{BC} = \frac{1}{\sqrt{3}} = \frac{\sqrt{3}}{3}$$

　　又 $\because\ \angle ABC$ 为锐角

$$\therefore\ \angle ABC = 30°$$

　　【例 2-5】　直角梯形上底、直角腰及下底的比例为 $1:2:(2\sqrt{3}+1)$，求这个直角梯形的两个非直角 $\angle A$ 和 $\angle ADC$ 的大小。

　　解：如图 2-4 所示，作 $DE \perp AB$ 于 E

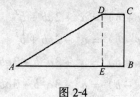

图 2-4

　　则 $DE /\!/ BC$
　　$\therefore\ DE = BC$，$BE = CD$
　　由已知 $CD : BC : AB = 1 : 2 : (2\sqrt{3}+1)$
　　取 $CD = 1$，则 $BC = 2$，$AB = (2\sqrt{3}+1)$
　　$AE = AB - BE = 2\sqrt{3}+1-1 = 2\sqrt{3}$
　　在直角 $\triangle AED$ 中，

$$\tan A = \frac{DE}{AE} = \frac{BC}{AE} = \frac{2}{2\sqrt{3}} = \frac{\sqrt{3}}{3}$$

$$\therefore \quad \angle A = 30°$$
$$\angle ADC = 360° - 90° - 90° - \angle A = 150°$$

2.2.2 正弦定理和余弦定理

如图 2-5 所示，在 $\triangle ABC$ 中，a、b、c 分别是角 A、B、C 所对的边，则：

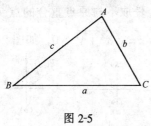

图 2-5

（1）正弦定理

$$\frac{a}{\sin A} = \frac{b}{\sin B} = \frac{c}{\sin C} = 2R$$

（其中 R 为外接圆半径）

（2）余弦定理

$$a^2 = b^2 + c^2 - 2bc\cos A$$
$$b^2 = a^2 + c^2 - 2ac\cos B$$
$$c^2 = a^2 + b^2 - 2ab\cos C$$

由正弦定理和余弦定理可知，在斜三角形中，若已知边角中任意三个元素（其中至少有一条边），就可以求出其他的未知元素。

【例 2-6】 如图 2-6 所示 $\triangle ABC$ 中，$AB = 8$，$AC = 4$，中线 $AD = 3$，求 BC 的长。

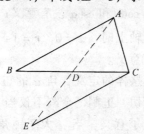

图 2-6

解：延长 AD 到 E，使 $DE = AD$，连接 EC，
则 $EC = AB$（$\triangle DEC \cong \triangle DAB$）
在 $\triangle AEC$ 中，$AE = 2AD = 6$，
$AC = 4$，$CE = 8$，
则 $AC^2 = AE^2 + CE^2 - 2AE \cdot CE \cdot$

$\cos E$
$$2AE \cdot CE \cdot \cos E = AE^2 + CE^2 - AC^2$$
$$\cos E = \frac{AE^2 + CE^2 - AC^2}{2 \cdot AE \cdot CE}$$
$$= \frac{6^2 + 8^2 - 4^2}{2 \times 6 \times 8} = \frac{7}{8}$$

在 $\triangle DEC$ 中，$DC^2 = DE^2 + CE^2 - 2 \cdot DE \cdot CE \cdot \cos E$
$$= 3^2 + 8^2 - 2 \times 3 \times 8 \times \frac{7}{8} = 31$$

$$\therefore \quad DC = \sqrt{31} \qquad BC = 2DC = 2\sqrt{31}$$

2.2.3 弧度制

在实际角的度量中，除了角度制（度、分、秒制）以外，还常用到另一种度量制——弧度制。1 弧度的角是长度等于半径的弧所对应的圆心角。如图 2-7（a）所示，据此可以推出：圆心角的弧度数，等于该角所对的弧长与该圆半径的比值。用公式表示为：

$$\alpha = \frac{l}{r}$$

其中，r 为圆的半径，l 为圆弧的长，该弧长所对应的圆心角为 α。

当 $l = r$ 时，如上所述，$\alpha = 1$ 弧度，见图 2-7（b）。

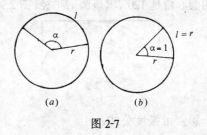

(a)   (b)

图 2-7

弧度是一个数字，弧度的单位可记作 rad，也可写成"弧度"。

弧度表示的是角的大小，因此，弧度制和角度制可以互相转换。我们知道，圆周角是 360°，圆周长是 $2\pi r$，将它们代入公式：

$$\alpha = \frac{2\pi r}{r} = 2\pi \text{ 弧度}$$，所以 $2\pi = 360°$，$\pi = 180°$，由此可得角度换算成弧度的公式为：

$$\alpha^\circ = \frac{\pi}{180} \cdot \alpha$$

同样的道理，我们可推得弧度转换成角度的公式为：

$$\beta = \frac{180}{\pi} \cdot \beta^\circ$$

【例2-7】 测得三处楼梯坡度分别为30°、45°、40°，为计算方便，将其化成弧度（图2-8）。

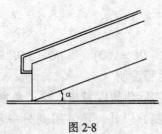

图 2-8

解： $30° = \frac{\pi}{180} \times 30 = \frac{\pi}{6}$ 弧度

$45° = \frac{\pi}{180} \times 45 = \frac{\pi}{4}$ 弧度

$40° = \frac{\pi}{180} \times 40 = \frac{2}{9}\pi$ 弧度

【例2-8】 轻钢龙骨圆弧形吊顶施工中，要使用并计算断面圆弧的弧长、对应圆半径等。已知一断面圆弧的弧长是11m，这弧所对的圆心角是120°，求该圆的半径(图2-9)。

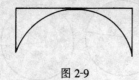

图 2-9

解： 由弧度公式：

$\alpha = \frac{l}{r}$，得 $r = \frac{l}{\alpha}$

$\because \quad \alpha = \frac{\pi}{180} \times 120 = \frac{2}{3}\pi$

$\therefore \quad r = \frac{l}{\frac{2}{3}\pi} = \frac{11}{\frac{2}{3}\pi} = \frac{33}{2\pi} = \frac{33}{6.28} = 5.255\text{m}$

答：圆弧的半径为 5.255m。

2.2.4 三角函数的定义

我们已经熟悉了锐角的三角函数的定义，但当角 α 大于锐角、大于钝角时是如何定义的？其实，角是由一条射线绕着它的端点旋转而成的。根据这一概念，我们在直角坐标系上可以定义任意角的三角函数。

设 α 是直角坐标系中的任意角，在角 α 的终边上任取不与原点重合的点 $P_{(x,y)}$，OP 的长为：$r = \sqrt{x^2 + y^2} > 0$，如图2-10所示。

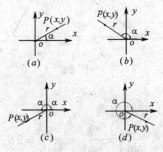

图 2-10

我们把 $\frac{y}{r}$、$\frac{x}{r}$、$\frac{y}{x}$、$\frac{x}{y}$、$\frac{r}{x}$、$\frac{r}{y}$ 分别叫做角 α 的正弦、余弦、正切、余切、正割、余割。记作：

$$\sin\alpha = \frac{y}{r}; \quad \cos\alpha = \frac{x}{r}; \quad \tan\alpha = \frac{y}{x}$$

$$\cot\alpha = \frac{x}{y}; \quad \sec\alpha = \frac{r}{x}; \quad \csc\alpha = \frac{r}{y}$$

另外，当角 α 终边在 x 轴上时，$y = 0$，$r = |x|$，$\cot\alpha$ 和 $\csc\alpha$ 没有意义；当角 α 的终边在 y 轴上时，$x = 0$，$r = |y|$，$\tan\alpha$ 和 $\sec\alpha$ 没有意义。

通过这样的定义，角 α 的正弦、余弦、正切、余切、正割、余割不仅当 α 为锐角、钝角时有了意义，当 α 大于钝角时也有意义。其实，角 α 是任意角，任意到可以比圆周角还大，比零角还小。

我们将角的正弦、余弦、正切、余切、正割、余割统称为三角函数。

观察上面的图形，根据相似三角形的性质，我们容易看出，任意角的三角函数根据角的大小而确定，和点 P 在终边上的位置没有关系。

【例 2-9】 图 2-11 中，设角 α 的顶点是 0，始边是 $0x$，它的终边上一点 P 的坐标是（-4，-3），求角 α 的六个三角函数。

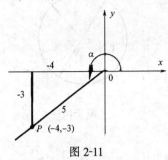

图 2-11

解：$r = \sqrt{(-4)^2 + (-3)^2} = \sqrt{25} = 5$

因此：$\sin\alpha = \dfrac{-3}{5} = -\dfrac{3}{5}$

$\cos\alpha = \dfrac{-4}{5} = -\dfrac{4}{5}$

$\tan\alpha = \dfrac{-3}{-4} = \dfrac{3}{4}$

$\cot\alpha = \dfrac{-4}{-3} = \dfrac{4}{3}$

$\sec\alpha = \dfrac{5}{-4} = -\dfrac{5}{4}$

$\csc\alpha = \dfrac{5}{-3} = -\dfrac{5}{3}$

2.2.5 同角三角函数公式

根据三角函数的定义，可推得同角三角函数间的下列基本公式：

（1）倒数关系

$\sin\alpha \cdot \csc\alpha = 1$

$\cos\alpha \cdot \sec\alpha = 1$

$\tan\alpha \cdot \cot\alpha = 1$

（2）商数关系

$\tan\alpha = \dfrac{\sin\alpha}{\cos\alpha}$

$\cot\alpha = \dfrac{\cos\alpha}{\sin\alpha}$

（3）平方关系

$\sin\alpha^2 + \cos^2\alpha = 1$

$1 + \tan^2\alpha = \sec^2\alpha$

$1 + \cot^2\alpha = \csc^2\alpha$

上面这些关系式都是恒等式，利用这些关系式，可以根据一个角的某一个三角函数值，求出这个角的其他三角函数值，还可以化简三角函数式，证明其他一些三角函数恒等式等。

【例 2-10】 在建筑结构计算中，经常用到三角函数值。已知 $\tan\alpha = \dfrac{3}{4}$，求 $\sin\alpha$ 的值（α 是锐角）。

解：$1 + \tan^2\alpha = 1 + \left(\dfrac{3}{4}\right)^2 = \left(\dfrac{5}{4}\right)^2$

$= \sec^2\alpha$

$\sec^2\alpha = \dfrac{1}{\cos^2\alpha}$ 　　$\cos^2\alpha = \left(\dfrac{4}{5}\right)^2$

$\because \alpha$ 是锐角

$\therefore \sin^2\alpha = 1 - \cos^2\alpha = \left(\dfrac{3}{5}\right)^2$

$\therefore \sin\alpha = \dfrac{3}{5}$

小　结

学习本节，重点掌握勾股定理、三角形正弦定理、余弦定理和它们在实际工程中的应用。掌握度与弧度的换算，通过理解三角函数的概念，学会分析三角形中的边角关系。

2.3　常用几何图形的计算

2.3.1 平面图形的面积计算（面积：S）

（1）矩形（图 2-12）

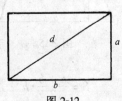

图 2-12

$$S = a \cdot b$$

$$d = \sqrt{a^2 + b^2}$$

a、b 为长、短边，d 为对角线。当 $a = b$ 时为正方形。

（2）三角形（图 2-13）

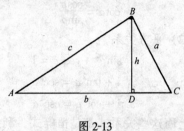

图 2-13

$\triangle BDC$ 中，$\dfrac{h}{a} = \sin C$，$h = a \cdot \sin C$

$\triangle ABC$ 中，$S = \dfrac{bh}{2} = \dfrac{1}{2}ab\sin C$

h 为高，a、b、c 为对应角 A、B、C 的边长。

（3）平行四边形（图 2-14）

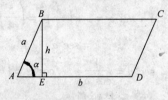

图 2-14

$\triangle ABE$ 中，$\dfrac{h}{a} = \sin\alpha$，$h = a \cdot \sin\alpha$

$S = bh = ab\sin\alpha$

h 为对边间的距离　a、b 为相邻两边长。

（4）梯形（图 2-15）

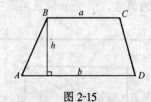

图 2-15

$$S = \dfrac{a + b}{2} \cdot h$$

h 为高，a、b 为两底边。

（5）圆形（图 2-16）

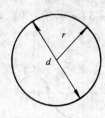

图 2-16

$$S = \pi r^2 = \dfrac{1}{4}\pi d^2$$

r 为圆半径，d 为圆直径。

（6）扇形（图 2-17）

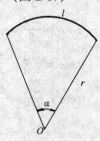

图 2-17

$$S = \dfrac{1}{2}r \cdot l = \dfrac{\alpha}{360}\pi r^2 \quad （\alpha \text{ 为角度}）$$

$$l = \dfrac{\alpha\pi}{180}r$$

r 为半径，l 为弧长，α 为弧 l 的对应中心角。

（7）椭圆形（图 2-18）

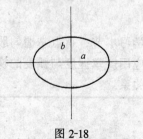

图 2-18

$$S = \dfrac{\pi}{4}a \cdot b$$

a、b 分别为长、短轴。

【例2-11】 一圆形结构柱的截面为圆形，已知圆形的半径为40cm，求其面积；如将该柱制成方柱，则截面为正方形，已知截成后的正方形的对角线长是圆的直径的长，求该正方形的面积（图2-19）。

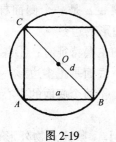

图2-19

解： 圆的面积 $S = \pi r^2 = 1600\pi\,cm^2$

在等腰直角三角形 ABC 中：

$a^2 + a^2 = d^2 = 80^2 = 6400$

$2a^2 = 6400$，则 $a^2 = 3200$

正方形面积 $S = a \cdot a = a^2 = 3200\,cm^2$

【例2-12】 装饰一展室墙面需计算其面积，现测得 $AB = 5m$，$DE = 2m$，下为一矩形，上为一梯形，$EF = 3m$，$AG = 1.5m$，$AF = 2m$，求墙面面积（图2-20）。

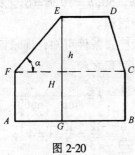

图2-20

解： $\cos\alpha = \dfrac{AG}{EF} = \dfrac{1.5}{3} = \dfrac{15}{30} = \dfrac{1}{2}$

$\sin\alpha = \sqrt{1 - \cos^2\alpha} = \sqrt{1 - \left(\dfrac{1}{2}\right)^2} = \dfrac{\sqrt{3}}{2}$

$h = EF \cdot \sin\alpha = 3 \times \dfrac{\sqrt{3}}{2} = \dfrac{3}{2}\sqrt{3}\,m$

$S_{ABCF} = AB \cdot AF = 5 \times 2 = 10\,m^2$

$S_{FEDC} = \dfrac{1}{2}(ED + FC) \times h$

$= \dfrac{1}{2}(2 + 5) \times \dfrac{3}{2}\sqrt{3}$

$= \dfrac{21}{4}\sqrt{3} = 9.903\,m^2$

$S = S_{ABCF} + S_{FEDC} = 10 + 9.093$

$= 19.093\,m^2$

2.3.2 多面体的体积和表面积

（体积：V；表面积：S；底面积：$S_{底}$）

（1）立方体（图2-21）

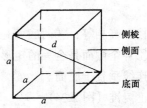

图2-21

$V = a^3$

$S = 6a^2$

a 为棱长，d 为对角线。

（2）长方体（图2-22）

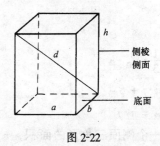

图2-22

$V = a \cdot b \cdot h$

$S = 2(a \cdot b + a \cdot h + b \cdot h)$

$d = \sqrt{a^2 + b^2 + h^2}$

从图中，我们看到立方体就像是一个四四方方的盒子，底面和侧面都是正方形，长方体与它不同的地方是每个面都是矩形。

（3）正棱柱（图2-23）

$S_{侧面积} = p \cdot h$

$S = 2S_{底} + ph$

$V = S_{底} \cdot h$

p 为底面周长，h 是棱柱高。

正棱柱的主要特征有：①各条侧棱都相

21

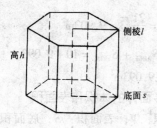

图 2-23

等；②侧棱和高相等；③两底面是全等的正多边形；④各个侧面是全等的矩形；⑤两底面的中心连线垂直于底面。

(4) 正棱锥（图 2-24）

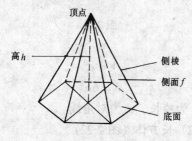

图 2-24

$$V = \frac{1}{3} \cdot S_{底} \cdot h$$

$$S = n \cdot f + S_{底}$$

$$S_{侧面积} = n \cdot f$$

f 是一个侧面三角形的面积，n 是底多边形的边数。

正棱锥的主要特征有：①底面是正多边形；②各条侧棱相等；③各个侧面是全等的等腰三角形；④顶点和底面中心的连线垂直于底面。

(5) 正棱台（图 2-25）

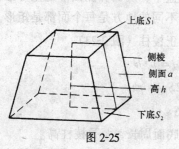

图 2-25

$$V = \frac{1}{3} h \left(S_1 + S_2 + \sqrt{S_1 S_2} \right)$$

$$S = n \cdot a + S_1 + S_2$$

$$S_{侧面积} = n \cdot a$$

S_1、S_2 是两平行底面的面积；h 是两底面间的距离，a 是一个侧面梯形的面积，n 是底面多边形的边数。

正棱台的主要特征有：①各条侧棱都相等；②上、下底面是正多边形；③各个侧面是等腰梯形；④两个底面的中心的连线垂直于底面。

【例 2-13】 某建筑物外形是一正四棱台形（图 2-26），为对其外墙进行装饰，需计算其侧面积。

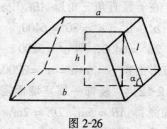

图 2-26

已知：$a = 50$，$b = 70$，$h = 6$，$\angle \alpha = 60°$
求其侧面积。

解： 由已知条件可知，即求四个全等的等腰梯形的面积之和。

$$\sin\alpha = \frac{h}{l} \quad l = \frac{h}{\sin\alpha} = \frac{6}{\sin 60°}$$

$$= \frac{6}{\frac{\sqrt{3}}{2}} = \frac{12}{\sqrt{3}} = \frac{12}{3}\sqrt{3} = 4\sqrt{3}$$

$$S_{梯形} = \frac{1}{2}(a + b)l = \frac{1}{2}(50 + 70) \times 4\sqrt{3}$$

$$= 2\sqrt{3} \times 120 = 240\sqrt{3}$$

$$S_{侧} = 4S_{梯形} = 4 \times 240\sqrt{3} = 960\sqrt{3} \approx 1661$$

(6) 拟柱体

有一种多面体，从形状上看好似棱台，但若把它的各侧棱延长之后并不能相交于一点，如图所示。它的特征是：有两个面互相平行，其余各面是梯形或三角形。我们将这样的多面体称做拟柱体。

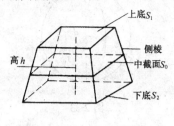

图 2-27

拟柱体的平行的两个面叫做底面，其余各面叫做侧面，两相邻侧面的交线叫做侧棱。两个底面间距离叫做高。过高的中点且平行于底面的截面叫做中截面。

拟柱体的体积计算公式是：

$$V = \frac{1}{6} h \left(S_1 + S_2 + 4S_0 \right)$$

其中 h 是高，S_1、S_2 分别是上底面积和下底面积，S_0 是中截面面积。

2.3.3 旋转体的体积和表面积

（1）圆柱

一个矩形绕着它的一条边旋转一周所得的几何体叫做圆柱（如图 2-28 所示）。

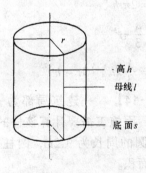

图 2-28

其中，旋转轴叫做它们的轴、轴上的边的长度叫做高。和轴相对的动边叫做母线。垂直于轴的边旋转而成的圆面叫做底面。不垂直于轴的边旋转而成的曲面叫做侧面。

把圆柱侧面展开，展开图是一矩形，这个矩形的宽等于母线长，矩形的长等于底面圆的周长 c（图 2-29）。

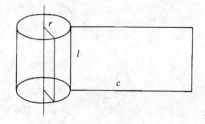

图 2-29

容易得出圆柱的侧面积和全面积公式：

$$S_{圆柱侧} = 2\pi rh$$

$$S_{圆柱全} = 2\pi rh + 2\pi r^2$$

圆柱的体积公式与棱柱相类似：

$$V_{圆柱} = \pi r^2 h$$

不难看出，圆柱的母线和高相等。

（2）圆锥

一个直角三角形绕着它的一条直角边旋转一周所得的几何体叫做圆锥。

和圆柱一样，圆锥也有轴、高、母线、底面和侧面（图 2-30）。

图 2-30

圆锥的侧面展开图是扇形，这个扇形的半径等于母线长 l，扇形的弧长等于底面圆的周长 c（图 2-31）。

圆锥的侧面积、全面积及体积公式如下：

$$S_{圆锥侧} = \pi rl$$

$$S_{圆锥全} = \pi rl + \pi r^2$$

$$V_{圆锥} = \frac{1}{3} \pi r^2 h$$

（3）圆台

一个直角梯形绕着垂直于底边的腰旋转

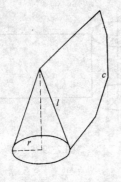

图 2-31

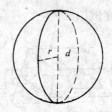

图 2-33

高。如图 2-34 所示。

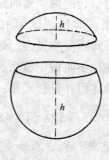

图 2-34

一周所得的几何体叫做圆台。和圆柱、圆锥一样，圆台也有高、母线、底面和侧面（图 2-32）。

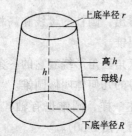

上底半径 r

高 h

母线 l

下底半径 R

图 2-32

不难想象，圆台的侧面展开图是一扇环。

圆台的侧面积、全面积和体积公式为：

$$S_{圆台侧} = \pi l (R + r)$$

$$S_{圆台全} = S_{圆台侧} + \pi (R^2 + r^2)$$

$$V = \frac{\pi h}{3} (R^2 + r^2 + Rr)$$

（4）球

一个半圆绕着它的直径旋转一周所形成的几何体叫球体，简称球（图 2-33）。由半圆围绕着它的直径旋转成的面叫做球面。半圆的圆心叫做球心。连接球心和球面上任意一点的线段叫做球的半径。

用一个平面截球，所得球的一部分叫做球缺，所得的球面的一部分叫做球冠，所得的圆叫做球缺（或球冠）的底。垂直于截面的直径被截得的一段叫做球缺（或球冠）的

下面给出球面、球冠的面积公式和球、球缺的体积公式：

$$S_{球面} = 4\pi r^2$$

$$S_{球冠} = 2\pi rh$$

$$V_{球} = \frac{4}{3} \pi r^3$$

$$V_{球缺} = \frac{1}{3} \pi h^2 (3r - h)$$

【例 2-14】 一建筑局部为一圆柱形（图 2-35），因施工需要计算该柱的侧面积，现已知底圆的周长为 3.2m，圆柱高为 5m，求它的侧面积。

解：由公式：

$$S_{圆柱侧} = 2\pi r \cdot h$$

圆周长为 $2\pi r$，所以：

$$S = 3.2 \times 5 = 16m^2$$

【例 2-15】 圆台的两个底面面积比等于 4，母线长等于 12cm，且母线和底面的夹角等于 60°，求这圆台的体积。

解：设圆台上、下底面的半径分别为 r 和 R（图 2-36）。由题意得：

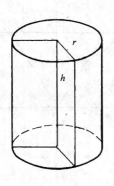

图 2-35

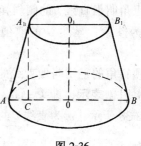

图 2-36

$$\frac{S_\text{下}}{S_\text{上}} = \frac{\pi R^2}{\pi r^2} = \frac{R^2}{r^2} = 4 \quad \therefore \quad R = 2r$$

作通过圆台轴的截面 ABB_1A_1，由 A_1 作 $A_1C \perp AB$，则在直角三角形 AA_1C 中，$\angle A_1AC = 60°$

$$AC = R - r = 2r - r = r$$

于是，$AC = r = A_1A\cos 60° = 12 \times \dfrac{1}{2} = 6\text{cm}$

$$\therefore \quad R = 2r = 12\text{cm} \quad A_1C = 12\sin 60° = 6\sqrt{3}\text{cm}$$

$$\therefore \quad V_\text{圆台}{}_{AB_1} = \frac{1}{3} \times 6\sqrt{3}\pi$$

$$\times \ (6^2 + 12^2 + 6 \times 12)$$

$$= 504\sqrt{3}\pi\text{cm}^3$$

答：圆台的体积是 $504\sqrt{3}\pi\text{cm}^3$

小　结

　　本节重点为平面图形的面积计算、空间多面体和旋转体的体积计算和表面积计算，它们是建筑装饰工程工程量计算的主要公式，必须熟练掌握。另外要理解棱柱、棱锥、棱台、拟柱体、圆柱、圆锥、圆台、球等空间图形的特点及其计算公式的应用。

2.4　直线与二次曲线

2.4.1　直线

　　在初中阶段学习一次函数时，我们知道一次函数的图像是一条直线。如图 2-37 所示，$y = x + 2$ 的图像是直线 l，现在在直线 l 上取点 A（1，3），将 $x = 1$，$y = 3$ 代入 $y = x + 2$，显然函数式成立；反过来，以满足函数 $y = x + 2$ 的一组值 $x = 0$，$y = 2$ 为坐标的点必在直线 l 上。

　　一般地，一次函数 $y = kx + b$ 和直线间有一一对应的关系。即每一个二元一次函数都对应着一条直线，每一条直线也都对应着

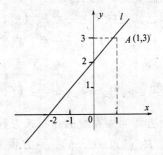

图 2-37

一个二元一次函数。

　　把直线放在平面直角坐标系上，使我们能够用代数中的函数研究几何中的直线。

　　直线有倾角、斜率等概念。在直角坐标平面内，直线 l 向上的方向与 x 轴正方向所

夹的最小正角叫做直线 l 的倾斜角，简称倾角。设 α 为倾角，显然 α 的取值范围是 $0° \leqslant \alpha \leqslant 180°$

直线倾斜角的正切叫做直线的斜率，直线的斜率常用 k 表示，即 $k = \tan\alpha$。

如图 2-38 所示，α 为直线 l 的倾角，显然：

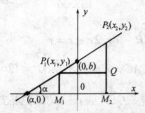

图 2-38

$$\tan\alpha = \tan\angle P_2 P_1 Q$$

$$= \frac{|P_2 Q|}{|P_1 Q|} = \frac{|y_2 - y_1|}{|x_2 - x_1|} = \frac{y_2 - y_1}{x_2 - x_1}$$

所以说，经过两点 $P_1 (x_1, y_1)$，$P_2 (x_2, y_2)$ 的直线 l 的斜率公式为：

$$k = \frac{y_2 - y_1}{x_2 - x_1} \qquad (x_2 \neq x_1)$$

如果直线 l 和 x、y 轴的交点分别是 $(a, 0)$，$(0, b)$，则 a 叫做直线 l 的横截距，b 叫做直线 l 的纵截距。

如果已知直线 l 上一点 $P_0 (x_0, y_0)$ 和斜率 k，$P (x, y)$ 为任一点，根据斜率的定义：

$$\frac{y - y_0}{x - x_0} = k，整理得：y - y_0 = k(x - x_0)$$

这个方程叫做直线的点斜式方程。

假设 P_0 点为 $(0, b)$，则方程为：

$$y = kx + b$$

这个方程叫做直线的斜截式方程。

请问，为什么它叫直线的斜截式方程？

【例 2-16】 顶棚吊灯灯线如图所示。已知线长 $OA = OB = \sqrt{5}$，$AB = 4$，求直线 OA 的倾角。

解：过 O 点设平面直角坐标系。则由

26

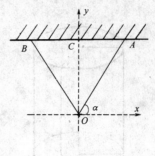

图 2-39

已知：$AC = BC = \frac{1}{2} AB = 2$

$$OC = \sqrt{OA^2 - AC^2} = \sqrt{(\sqrt{5})^2 - 2^2} = 1$$

即 A 点坐标为 $(2, 1)$。

直线斜率 $k = \frac{2 - 0}{1 - 0} = 2$

求倾角：$k = \tan\alpha = 2$，$\alpha = 63°$

【例 2-17】 已知一条直线经过点 $(0, -5)$，并且它的倾斜角是 $\tan^{-1} (-\sqrt{3})$，求该直线方程。

解：$\because$ 直线经过 $(0, -5)$，所以它的纵截距是 $b = -5$。

$\therefore$ 直线的倾角是 $\tan^{-1} (-\sqrt{3})$

$\therefore k = \tan [\tan^{-1} (-\sqrt{3})] = -\sqrt{3}$

将 $k = -\sqrt{3}$，$b = -5$ 代入斜截式方程，得 $y = -\sqrt{3}$，$x - 5$。

2.4.2 椭圆

椭圆是装饰设计和施工中常见到一种曲线。

椭圆是怎么形成的呢？

拿一条长度固定的绳子，将它的两端固定在一块平板的两点 F_1、F_2 上，用一支铅笔将绳子拉紧，使笔尖在图板上慢慢移动，画出的图形就是椭圆。

如图 2-40 所示，设 F_1、F_2 的坐标分别为 $(-c, 0)$，$(c, 0)$，绳长为 $2a$，则上述过程用公式表示就是：

$$|MF_1| + |MF_2| = 2a$$

根据两点间距离公式可将该式整理成：

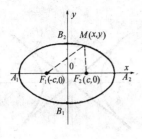

图 2-40

$$\sqrt{(x+c)^2 + y^2} + \sqrt{(x-c)^2 + y^2} = 2a$$
$$\sqrt{(x+c)^2 + y^2} = 2a - \sqrt{(x-c)^2 + y^2}$$

两边平方整理

$$a^2 - cx = a\sqrt{(x-c)^2 + y^2}$$
$$(a^2 - c^2)x^2 + a^2y^2 = a^2(a^2 - c^2)$$

设 $b^2 = a^2 - c^2$，代入后两边同除以 $a^2 b^2$ 得：

$$\frac{x^2}{a^2} + \frac{y^2}{b^2} = 1 \quad (a > b > 0)$$

这个方程叫做椭圆的标准方程。它所表示的椭圆的焦点在 x 轴上，焦点坐标为 F_1（ $-c$，0）和 F_2（ c，0），$c^2 = a^2 - b^2$。

椭圆有如下几何性质：

（1）对称性：椭圆是关于 x 轴、y 轴、原点对称的图形。坐标轴是椭圆的对称轴，原点是椭圆的对称中心。

（2）顶点：如图，椭圆和坐标轴有四个交点，称之为顶点；线段 $A_1 A_2$ 叫做椭圆的长轴，长轴长 $2a$；线段 $B_1 B_2$ 叫做椭圆的短轴，短轴长 $2b$。

（3）范围：$-a \leq x \leq a$，$-b \leq y \leq b$。

（4）离心率 e：$e = \dfrac{c}{a}$，e 越接近零，$\dfrac{b}{a}$ 愈接近 1，椭圆愈接近圆。e 愈接近 1，$\dfrac{b}{a}$ 愈接近 0，椭圆也就愈扁。

【例 2-18】 求椭圆 $16x^2 + 25y^2 = 400$ 的长轴和短轴的长、焦点坐标、离心率和顶点坐标。

解：方程两边同除以 400，得：

$$\therefore \frac{x^2}{25} + \frac{y^2}{16} = 1$$

$$\therefore a = 5，\quad b = 4，\quad c = \sqrt{a^2 - b^2} = 3$$

因此：长轴长 $= 2a = 10$，短轴长 $= 2b = 8$，焦点坐标分别是 F_1（ -3，0）和 F_2（3，0），离心率 $e = c/a = 3/5$，顶点坐标分别是 A_1（ -5，0），A_2（5，0），B_1（0，-4），B_2（0，4）。

2.4.3 双曲线

到两定点距离之和为常数的动点形成了椭圆，那么，到两定点距离之差为常数的动点形成什么图形呢？

定义：在平面内到两定点 F_1、F_2 的距离之差的绝对值等于一个定长的动点的轨迹叫做双曲线。这两个定点叫做双曲线的焦点，两焦点间的距离叫做焦距。

如图 2-41 所示，设 F_1、F_2 的坐标分别为（ $-c$，0），（ c，0），M（ x，y）总与 F_1、F_2 的距离之差为 $2a$，则由双曲线定义：

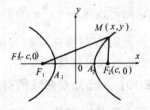

图 2-41

$$|MF_1| - |MF_2| = |2a|$$

根据两点间距离公式，运用椭圆的公式推理方法，可将该式整理成：

$$(c^2 - a^2)x^2 - a^2y^2 = a^2(c^2 - a^2)$$

设 $c^2 - a^2 = b^2$

（$\because 2c > 2a$，$\therefore c^2 - a^2 > 0$，$b > 0$）

即上式变为：$b^2x^2 - a^2y^2 = a^2b^2$

等式两边同除以 a^2b^2，得：

$$\frac{x^2}{a^2} - \frac{y^2}{b^2} = 1$$

这个方程叫做双曲线的标准方程。

双曲线有如下几何性质：

27

（1）对称性：双曲线是关于 x 轴、y 轴以及原点对称的图形，坐标轴是双曲线的对称轴，原点是双曲线的对称中心。

（2）顶点：双曲线 $\dfrac{x^2}{a^2} - \dfrac{y^2}{b^2} = 1$，在 x 轴上的交点为 $A_1\,(-a,\,0)$，$A_2\,(a,\,0)$，这两个交点叫做双曲线的顶点。线段 $A_1 A_2$ 叫做双曲线的实轴，实轴长为 $2a$，a 是双曲线的半实轴长。

（3）范围：$x \geq a$ 或 $x \leq -a$。

（4）渐近线：随着 $|x|$ 值无限增大，双曲线 $\dfrac{x^2}{a^2} - \dfrac{y^2}{b^2} = 1$ 与直线 $y = \pm \dfrac{b}{a} x$ 无限接近，因此，我们把直线 $y = \pm \dfrac{b}{a} x$ 叫做双曲线的渐近线。

（5）离心率：双曲线的焦距与实轴的比叫做双曲线的离心率，用 e 表示：$e = \dfrac{c}{a}$

显然双曲线的离心率大于 1。e 越大，$\dfrac{b}{a}$ 也越大，渐近线 $y = \pm \dfrac{b}{a} x$ 的斜率的绝对值也越大，此时双曲线张口越开阔，反之，e 越小，双曲线张口越狭窄。

【例 2-19】 已知双曲线的对称轴是坐标轴，两顶点间的距离是 16，离心率是 $\dfrac{5}{4}$，焦点在 x 轴上（图 2-42），写出双曲线的方程，并且求出它的渐近线方程。

解： ∵ 两点间的距离是 16

∴ $2a = 16$，$a = 8$

又 $e = \dfrac{c}{a} = \dfrac{5}{4}$ ∴ $c = 10$

则 $b = \sqrt{c^2 - a^2} = \sqrt{100 - 64} = 6$

所以双曲线方程：

$$\frac{x^2}{64} - \frac{y^2}{36} = 1$$

渐近线方程是：$y = \pm \dfrac{6}{8} x$，

即 $y = \pm \dfrac{3}{4} x$

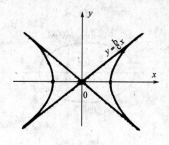

图 2-42

2.4.4 抛物线

如图 2-43 为抛物线，M 是抛物线上任一点，M 的特点是与定点 F 和定直线 $x = -p/2$ 的距离相等。

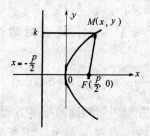

图 2-43

平面上与一定点和一定直线的距离相等的动点的轨迹叫做抛物线。定点叫做抛物线的焦点。定直线叫做抛物线的准线。

由图可知：$|MF| = |MK|$

$$|MF| = \sqrt{\left(x - \frac{p}{2} \right)^2 + y^2}$$

$$|MK| = \left| x + \frac{p}{2} \right|$$

∴ $\sqrt{\left(x - \dfrac{p}{2} \right)^2 + y^2} = \left| x + \dfrac{p}{2} \right|$

两边平方，并化简，得标准方程为：

$$y^2 = 2px \quad (p > 0)$$

还可推出开口向左、向上、向下的抛物线的标准方程如下（图 2-44）。

我们以 $y^2 = 2px$（$p > 0$）为例来说明抛物线的几何性质：

（1）对称性：抛物线 $y^2 = 2px$ 关于 x 轴对称。

28

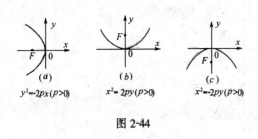

$y^2 = -2px(p>0)$ $x^2 = 2py(p>0)$ $x^2 = 2py(p>0)$
(a)   (b)   (c)

图 2-44

（2）顶点：抛物线和它的对称轴的交点叫做抛物线的顶点。显然，抛物线 $y^2 = 2px$ 的顶点是原点。

（3）范围：因为 $p>0$，所以 $x \geqslant 0$

（4）离心率：抛物线上的点 M 到焦点与准线的距离之比叫做抛物线的离心率，通常用 e 来表示，由抛物线的定义可知 $e=1$。

小 结

直线与二次曲线是建筑设计与装饰图案中最常见的图形。学习本节，重点要掌握二次曲线的定义，掌握直线平行与垂直的条件和直线间夹角的计算。理解直线与二次曲线的方程，了解直线与二次曲线的相关性质。掌握一些简单题目的计算。

习题

1. 在计算材料含水率时，需要用到公式 $B_重 = \dfrac{m_1 - m}{m} \times 100\%$。已知 $m_1 = 2a^3$，$m = a^2$，试用 a 表示 $B_重$。

2. 某人在距某建筑物 40m 处测得该建筑物顶端的仰角为 30°，求该建筑物的高。

3. 在 $\triangle ABC$ 中，$\angle B = 60°$，$b=7$，面积为 $10\sqrt{3}$，周长为 20，求其他两边的长。

4. 要筑一条堤坝，其截面为等腰梯形，如图：$AD = 10\text{m}$，$AB = 4\text{m}$，$\angle ABC = 60°$，求筑 1km 堤坝约用多少土方（图 2-45）？

5. 某民用建筑的基础是拟柱体形的沙垫层，它的高为 3m，其他尺寸如图所示。如果每立方米沙重 1.4t，欲用载重 4.5t 的汽车来运这批沙，需要多少车次可以完成（图 2-46）?

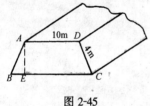

图 2-45

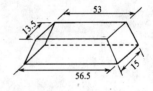

图 2-46

6. 已知圆台上、下底面半径分别为 3cm 和 6cm，高为 4cm，求母线长。

7. 求过点（-1, 4）并且与直线 $2x - 3y + 5 = 0$ 垂直的直线方程。

8. 双曲线形自然通风塔的外型是双曲线的一部分绕其虚轴旋转所生成的曲面（图 2-47），现要修建一座下底直径为 48m，上底直径为 26m，纵截线方程为 $\dfrac{x^2}{12^2} - \dfrac{y^2}{24^2} = 1$ 的通风塔，求通风塔的高（保留 1 位小数）。

9. 已知混凝土配合比为水泥:砂子:石子 $= 1:2:4$（重量比），且总重量为 2400kg/m³，求 1 立方米混凝土的水泥、砂子、石子各自的重量。

10. 某抹灰工程已完成 40%，为 120m²，求全部抹灰工程有多少平方米？

11. 已知芬克式屋架跨度为 9m，高跨比为 1:4（图 2-48），求中间垂直杆长度和屋架上弦长度？

12. 已知管材重量计算公式为：

29

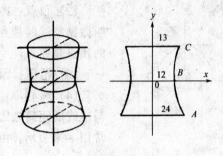

图 2-47

$$G = 24661.5 \times L \times \delta \ (D - \delta)$$

其中 G 为管材重量（kg），L 为管材总长（m），δ 为管壁厚度（m），D 为钢管外径（m）。现有钢管外径 $D = 219$mm，壁厚 $\delta = 6$mm，总长 $l = 80$m，求其重量。

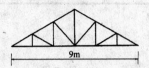

9m

图 2-48

第3章 建筑力学的基本知识

本章将着重研究力的性质、平面力系的简化和平衡问题，以及其在工程中的应用——对杆系结构（桁架）作内力分析，同时将讨论杆件的强度问题。

静力学是研究物体在力的作用下平衡规律的科学，同时也研究力的一般性质及力系的简化。它把研究的物体抽象为在任何外力作用下其大小和形状始终保持不变的力学模型——刚体，而且通常把刚体相对于地球处于静止或匀速直线运动的状态称为平衡状态。在此基础上进一步研究力系的简化及力系的平衡条件。

3.1 力的概念及要素

3.1.1 力的概念

人们对力的认识是在日常生活和生产实践中逐步建立起来的。如用手推车或用手提重物以及肩挑重物时，人们感到肌肉组织的紧张和收缩，感觉到人对物体施加了力。通过长期的观察和分析，人们认识到人对物体施加了力可以使物体的运动状态发生改变，同时还认识到不仅人对物体能产生力的作用，而且物体与物体之间也能产生力的作用，如下落过程中的物体，其下落速度逐渐加快，这是由于受到地球引力的缘故。由此，通过对这些日常现象分析和归纳，人们逐步形成了力的概念，即力是物体间的相互机械作用，这种作用的结果使物体的运动状态发生改变或使物体产生变形。

既然力是物体间的相互机械作用，所以力不能脱离物体而单独存在，某一物体受到力的作用，一定有另一物体对它施加了力。在分析物体的受力时，一定要弄清每个力的来源，是哪个物体对该物体施加了力的作用。

3.1.2 力的三要素

由力的概念知道，力对物体的作用将产生两种效应：其一是改变物体的运动状态，即运动效应；其二是使物体产生变形，即变形效应。作为静力学部分只研究运动效应。

而这两种效应的产生与哪些因素有关呢？通过观察和实验，人们发现主要与以下三个因素——力的大小、方向、作用点有关，这三个因素通称为力的三要素。

（1）力的大小

力的大小是指物体间相互机械作用的强弱程度。在国际单位制中，度量力大小的单位是牛顿，简称牛（N）；或千牛顿，简称千牛（kN），1kN = 1000N。在工程单位制中，用公斤力（kgf）或吨力（tf）来表示，其与国际单位的换算关系为 1kgf = 9.8N，为便于计算，可取 1kgf = 10N。

（2）力的方向

力的方向包含力的方位和指向两方面的含义。例如：物体重力的方向是铅垂向下的，这里"铅垂"是重力的方位，"向下"是重力的指向。我们在表达力的方向时，应同时有这两方面的含义。如："该力的方向水平向左"、"该力沿斜面向上"等等。

（3）力的作用点

力的作用点是指力在物体上的作用位置。一般来讲，力作用在物体上的位置往往不是一个点，而是分布在一定的面积或体积上，如匀质物体的重力均匀地分布在整个物体的体积上；用手推车时，力分布在手与车接触的面积上。由此可见，力的作用位置往往不是一个点。在静力学中，为了便于研究物体的受力情况，往往把作用于物体一定面积或体积上的力，简化为作用于该面积或体积几何中心的一个力；当该面积或体积小到可以忽略不计时，就可以抽象为一个点。这样，力在物体上的作用位置就可认为是一个点。作用于一点上的力称为集中力，这个点称为力的作用点，经过力的作用点沿力方向的直线，称为力的作用线。

由此可见，力的作用效果与力的三要素密切相关，改变力的三要素中任何一个要素，将会改变力对物体的作用效果。换句话说，物体之间的相互机械作用效果是由力的大小、方向和作用点来确定的。

力既有大小，又有方向，因而是矢量。它服从矢量平行四边形法则，力可以用一个有方向的线段来表示，线段的长度表示力的大小（按一定比例画出），箭头的方向表示力的方向，线段的起点或终点表示力的作用点，通过力的作用点沿方向的直线表示力的作用线。如图 3-1（a）、（b）所示。

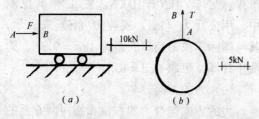

（a）　　　　（b）

图 3-1

图 3-1（a）中，力 F 的大小为 13kN，方向为水平向右，作用点为 B 点；作用线为直线 AB。

图 3-1（b）中力 T 的大小为 5kN，方向向上，作用点为 A 点，作用线为直线 AB。

3.1.3　静力学的有关基本概念

（1）刚体

在任何外力作用下，其大小和形状始终保持不变的物体称为刚体。显然，刚体是一种理想化的物体，现实生活中的任何物体在外力作用下都有不同程度的变形，绝对不变形的物体是不存在的。在研究静力学问题

时，变形是次要因素，可以忽略不计，因而可把物体视为刚体。

（2）力系的简化

1）力系：把作用在同一物体上的一群力称为力系；如果一个力系对物体的作用效果可以用另一个力系来代替，则这个力系称为该力系的等效力系，这两个力系互为等效力系。

2）合力和分力：若一个力系对物体的作用效果可以用一个力的作用效果来代替，则这个力称为该力系的合力。同时力系中的各力称为这个力的分力。求合力的过程称为力的合成；求分力的过程称为力的分解。

3）力系的简化：作用于物体上的力系往往比较复杂，给我们分析、研究物体的平衡问题带来诸多不便。为此，需要把复杂的力系变换成为另一个与它作用效果相同的简单力系，这一过程，称为力系的简化。将一复杂力系加以简化，就比较容易了解它对物体产生的作用效果，从而使分析、研究大为简便。

（3）静力平衡

所谓平衡就是指物体相对于地球处于静止或匀速直线运动状态。如果物体在一个力系作用下处于平衡状态，则此力系称为平衡力系；在平衡力系中，任一个力均是其余力的平衡力。当物体处于平衡状态时，作用于物体上的力必定满足一定的条件，这个条件称为力系的平衡条件。

图 3-2 所示为一缓慢起吊货物的汽车起

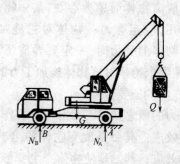

图 3-2

重机，在货物重量 Q、起重机自重 G 以及地面对起重机支承力 N_A、N_B 的共同作用下，起重机保持平衡状态，则力 Q、G、N_A、N_B 构成了作用于起重机上的平衡力系。

小　结

1．基本概念

力——是物体之间的相互机械作用。

力系——作用在物体上的一群力。

力系的简化——用一简单的力系代替等效复杂力系的过程。它是研究力系合成和平衡有效手段。

刚体——在外力作用下不变形的物体，是一种理想化的力学模型。

平衡——就是物体相对于地球处于静止或匀速直线运动状态。

2．力的作用效应

力的作用效应有两种：运动效应和变形效应，静力学仅研究运动效应。力的作用效果取决于力的三要素——力的大小、方向和作用点。

3.2　静力学的基本公理

人们在长期的生活和生产实践中，积累起了丰富的力学经验，经过反复观察、分析、实验，总结出了反映力的基本性质的普遍规律——静力学的基本公理。静力学的全部理论是以它为基础建立起来的。

公理一：二力平衡公理

作用在同一刚体上的两个力，它们使刚体处于平衡状态的必要与充分条件是：这两个力的大小相等，方向相反，作用在同一条直线上。

此公理是论证各种力系平衡条件的基础，可以用"等值、反向、共线"这六个字来概括，如图 3-3 所示。物体在两力 F_1、F_2 作用下保持平衡，则根据二力平衡公理可知，这两个力一定大小相等、方向相反，且作用在同一直线上，构成一平衡力系，用 $F_1 = -F_2$（负号表示两力方向相反）表示。像这样在两点各受一个力的作用而处于平衡状态的物体，称为二力体。当物体是一个杆

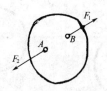

图 3-3

件时，则称为二力杆，如图 3-4（a）、（b）所示。杆件 AB（不计自重），在力 F_1、F_2 共同作用下而处于平衡状态，则这两个力的作用线一定通过杆的中心线，且大小相等、方向相反，即 $F_1 = -F_2$。二力杆在实际工程中应用范围很广，一定要注意其受力特征。

F_1 A 　　 B F_2　　　F_1 A 　　 B F_2
（a）　　　　　　　（b）

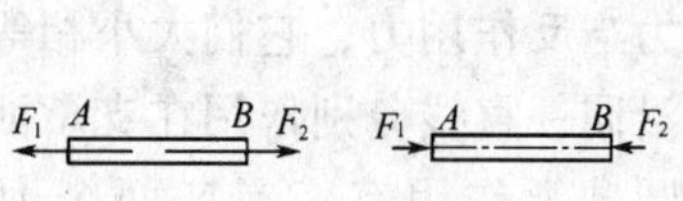

图 3-4

应当注意：二力平衡公理只适用于刚体。对于变形体而言，二力平衡条件只是必要条件，而不是充分条件。例如：绳索的两端分别受到大小相等、方向相反且共线的两个力的作用，当两力为拉力量，绳索可保持平衡；当两力为压力时，绳索就不能保持平

衡。如图 3-5（a）、（b）所示。

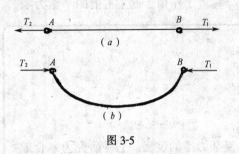

图 3-5

公理二：作用力与反作用力公理

两物体之间的相互作用力总是同时存在，且大小相等、方向相反、沿同一直线，分别作用在两个物体上。

如一圆球静止放置在水平支承面上，如图 3-6（a）所示。现分析圆球和水平支承面两物体的受力情况。

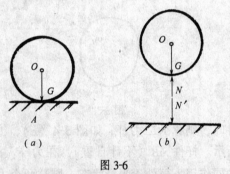

图 3-6

圆球：地球对圆球的吸引力 G（圆球的重力），水平支承面对圆球的支承力 N；支承面：圆球的压力 N'。由此可知 N 与 N' 互为作用力与反作用力，它们大小相等、方向相反、沿同一直线分别作用在支承面和圆球上。因圆球上作用有 G、N 两个力且圆球处于静止状态，因而 G 和 N 是一对平衡力。由此可以看出二力平衡中的两个力，其作用效果可相互抵消，而作用力与反作用力虽然大小相等，方向相反，作用在同一直线上，但它们分别作用在两个物体上，作用效果无法相互抵消，不能构成平衡力。这里要注意作用力与反作用力公理与二力平衡公理两者之间的区别与联系。在分析物体受力时要

区别开来，不能混为一谈。

我们在应用公理二时，还应注意：作用力与反作用力同时发生、同时消失。把上图中的圆球移去就不会出现圆球对支承面的压力 N'，同时支承面对圆球的支承力 N 亦不复存在。

公理三：加减平衡力系公理

在任一力系中，加上或减去一个平衡力系，并不改变原力系对刚体的作用效应。

如图 3-7（a）所示物体 AB 受力系 T_1、T_2 作用，如增加一平衡力系 $F_1 = -F_2$，形成一新的力系，如图 3-7（b）所示。刚体在新的力系作用下，其运动状态并没有改变。因为一个平衡力系 F_1、F_2 不会改变刚体的运动状态。所以，在原力系的基础上加上（或减去）一个平衡力系所形成的新的力系与原力系等效，由此引发一个重要的推论。

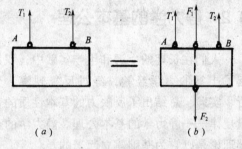

图 3-7

推论一：力的可传性原理

作用在刚体上的力，其作用点可沿着力的作用线移动到刚体上任意一点处，而不改变力对刚体的作用效应。

如图 3-8（a）所示，在小车的 A 点作用有一个力 F，使小车运动。根据公理三，可知：

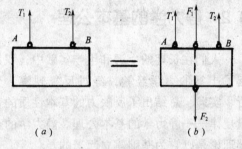

图 3-8

在力 F 作用线的 B 点处加一平衡力系 F_1、F_2 且使 $F_1 = -F_2 = -F$，构成一新的

力系，如图 3-8(b)所示。在新的力系中，力 F 和 F_1 是一平衡力系，相互抵消可以去掉，这样就只剩下作用于 B 点的力 F_2，如图 3-8(c)所示。力 F_2 与原力 F 等效，就相当于把作用在 A 点的力 F 沿其作用线移动到 B 点。

在这里必须强调：加减平衡力系公理和力的可传性原理同二力平衡公理一样，只适用于刚体，而不适用于变形体。

公理四：力平行四边形公理

作用在物体上同一点的两个力，可以合成为作用在该点上的一个合力，合力的大小和方向可由这两个力矢量为边所构成的平行四边形的对角线来表示。

如图 3-9 所示，力 F_1 和 F_2 为作用于物体上 A 点的两个力。以力 F_1、F_2 为邻边作平行四边形 $ABCD$，则力 F_1 和 F_2 的合力 R 的大小及方向由平行四边形的对角线 AC 表示，合力 R 的作用线通过两力的作用点 A，数学表达式为：$R = F_1 + F_2$。

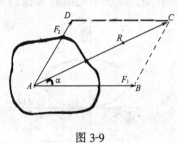

图 3-9

力的平行四边形公理为我们以后学习力的合成与分解奠定了理论基础，也为我们进行力系的简化提供了理论依据。同时亦可和二力平衡公理结合推导出另外一个重要的推论。

推论二：三力平衡汇交定理

一刚体受共面不平行的三个力作用而平衡时，这三个力的作用线必汇交于一点。

如图 3-10（a）所示，刚体受力 F_1、F_2、F_3 作用而处于平衡状态，设其中两个力 F_1、F_2 交于 A 点，则两个力 F_1、F_2 合成为一个合力 R，于是刚体受力 R 和 F_2 作用而处于平衡状态。由二力平衡公理知：F_2 与 R 等值、反向、共线，由此亦知三个力 F_1、F_2、F_3 必交于 A 点。

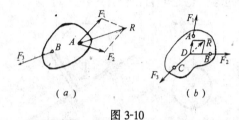

（a） （b）

图 3-10

图 3-10（b）所示三个力分别作用于同一刚体上的 A、B、C 三点处，且力 F_1、F_2 作用线交于点 D 而刚体处于平衡状态。根据力的可传性原理及力平行四边形公理求出力 F_1 与 F_2 合力 R，再根据二力平衡公理可证明，力 F_1、F_2、F_3 必汇交于 D 点。

三力平衡汇交定理，为我们对物体受力分析及画受力图提供了理论依据，亦为研究平面汇交于力系的平衡条件提供了一个有效的办法。

小　　结

静力学的基本公理，提示了力的性质，是建筑力学的理论基础。

1. 公理一说明作用在同一物体上的两个力的平衡条件。

2. 公理二揭示了物体间的相互作用力。

3. 公理三是力系简化的有效手段。

4. 公理四反应了力的合成规律。

在应用这几个基本公理时，应注意公理一及公理二之间的区别与联系。

3.3 约束类型及约束反力

在空间里不受限地作自由运动的物体，称为自由体。如空中漂游的气球及空中飞行的飞机就属于自由体。反之，如物体受到一定的限制，使其沿某一方向的运动成为不可能，则此物体称为非自由体。如图 3-11 (a) 所示，图中的球体受到绳索的限制，使球体不能向下运动，小球就是非自由体。图 (b) 中光滑斜面上的球体受到挡板的限制作用，而使球体不能沿着斜面下滑，斜面上的球体也是非自由体。

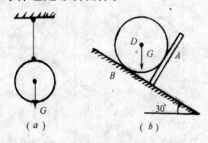

图 3-11

如上述这种阻碍物体运动的限制条件称为约束，约束是以物体相互接触的方式构成的，如图 3-11 (a) 中的绳子和 (b) 中的挡板。又如两端搁置在墙上的梁，由于墙的支承作用，限制了梁垂直向下的运动，使梁不致落下来，所以墙就形成了对梁的约束。

既然约束限制了物体在某些方向上的运动，那么当物体沿着约束所能阻碍的方向有运动或运动趋势时，约束就对该物体有力的作用。这种由约束引起的作用力称为约束反力。约束反力的方向总是与约束所能阻碍物体运动或运动趋势的方向相反。

与约束反力相反，有些力能主动地使物体运动或使物体有运动趋势，这种力称为主动力。如物体的重力、水压力、风力等，工程上通常称为荷载。物体在主动力作用下如果没有相对于某一约束的运动或运动趋势，

则就不产生约束反力，即约束反力总是在主动力的作用下产生的。通常主动力都是已知的或可测的，而约束反力总是未知。但根据约束的性质，可确定某些约束反力的作用点、方位或方向，确定的原则是：约束反力的方向总是与约束所能阻止的运动或运动趋势的方向相反。

下面介绍工程中几种典型的约束及其简化图形和约束反力的表示方法。

3.3.1 光滑接触面约束

两个相互接触的物体，如果接触处很光滑，摩擦力很小，可忽略不计，这种光滑接触面所构成的约束称为光滑接触面约束。

如物体搁置在光滑支承面上，无论接触面的形状如何，这种约束只能限制物体沿接触面的公法线向支承面的运动，而不能限制物体沿接触面或离开支承面的运动。所以，这一约束的约束反力通过接触点，并沿该接触点的公法线并指向被约束物体。如图 3-12 所示，一般用"N"表示光滑接触面约束反力。

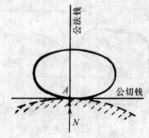

图 3-12

3.3.2 柔体约束

由柔软的绳索、链条、皮带等所构成的约束称为柔体约束。这种约束只能阻止物体沿着柔体的中心线离开柔体的运动，而不能阻止物体沿其他方向的运动。因而柔体约束的约束反力通过柔体与物体的连接点并沿着柔体的中心线背离物体，表现为拉力。一般柔体的约束反力用字母"T"表示，如图 3-13 中的 T_A、T_B。

3.3.3 圆柱形铰链约束与固定铰链支座

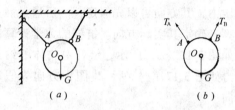

图 3-13

3-15 (d)、(e) 所示。

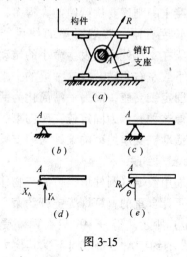

图 3-15

在工程上常用一圆柱形销钉将两个或更多的构件连接在一起。如图 3-14 (a) 所示。销钉与圆孔表面都是光滑的，这种形式的约束称为圆柱形铰链约束，简称为铰接。这种约束只能限制被约束的构件在垂直于销钉轴线平面内任意方向的移动，但不能限制构件绕销钉的转动，由于销钉与构件的接触点是光滑的，因而销钉对构件的约束反力作用在构件与销钉的接触点上，垂直于销钉轴线并通过销钉中心。但由于构件在垂直于销钉轴线的任何方向的移动都受到销钉的约束，所以构件与销钉的接触点的位置一般不能预先确定，它与被约束构件的受力情况和运动情况有关。可见圆柱形销钉的约束反力 R 的大小和方向一般均是未知量，为便于计算，通常是用两个相互垂直且通过铰心的两用力 X 和 Y 来表示。圆柱形铰链约束的简图如图 3-14 (b) 所示，约束反力如图 3-14 (c) 所示。

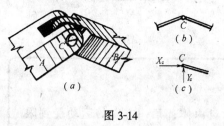

图 3-14

用圆柱形光滑销钉连接在一起的两个构件，如果其中一个是固定不动的，则这种连接称为固定铰链支座，也称为固定铰支座，如图 3-15 (a) 所示。其简图如图 3-15 (b)、(c) 所示。这种支座约束的性质与圆柱形铰链约束的性质相同，其约束反力如图

3.3.4 活动铰链支座（辊轴支座）

为使构件在变形时既能发生转动，又能发生移动，常将铰链支座安装在带有辊轴的支座上，这种形式的支座称为活动铰链支座，简称为活动铰支座，如图 3-16 (a) 所示。这种支座只能阻止构件沿垂直于支座底面方向上的运动，而不能阻止构件一定限度内的转动及平行于支座底面的移动，故支座的约束反力 R 的方向必定垂直于支座底面，并且通过铰链中心。此类支座的简图如图 3-16 (b)、(c)、(d) 所示，支反力如图 3-16 (e) 所示。

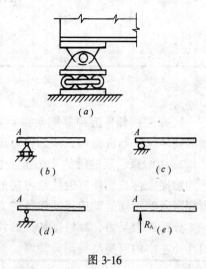

图 3-16

在实际工程中，梁两端支承在砖墙上，由于混凝土的刚度要比砖墙的大得多，再加上支承长度有限，砖墙对梁的约束能力较差，故梁在支承处可能发生微小的转动，而不能上下或左右移动，故这种梁的一端常可简化成固定铰支座，而另一端简化为活动铰支座。像这种一端为固定铰支座约束，而另一端为活动铰支座约束的梁称为简支梁。

3.3.5　链杆约束

两端用铰链（圆柱形销钉）与物体连接起来而不计自重的直杆即为链杆约束，如图3-17（a）所示。链杆AB只在两端受到销钉A、B的约束反力而中间不受其他力的作用，且链杆只能阻止物体上与链杆接触的点沿链杆中心线方向运动，而不能阻止其他方向的运动。根据二力平衡公理可知销钉A、B对链杆的约束反力一定是等值、反向且沿着链杆轴线作用的一对平衡力，如图3-17（b）、（c）所示。两力可能是拉力，亦可能

是压力，其方向可以先假定，然后通过静力计算来确定其实际方向。链杆的力学计算简图如图3-17（d）所示，链杆对物体的约束反力如图3-17（e）所示，图中方向为假定方向。

3.3.6　固定端支座

构件连接在使其既不能移动，又不能转动的支座上，这种约束称为固定端支座。如图3-18（a）所示：阳台梁被牢牢地嵌固在墙体里面，其支承情况可视为固定端支座。图示这种一端固定，而另一端自由的梁称为悬臂梁。又如一钢筋混凝土柱子被牢固地插入杯口基础内，四周用细石混凝土填实（图b所示），柱下端可视为固定端支座。由于固定端支座既能阻止构件在任何方向的转动，又能阻止构件在任何方向的移动，所以其约束反力的大小和方向均是未知量。为了便于分析计算，一般简化为作用于嵌入处截面形心上的水平约束反力X和垂直约束反力Y，以及约束反力偶M。其计算简图及约束反力如图3-18（c）所示。图中约束反力方向均为假定的，实际方向可以通过静力计算确定。

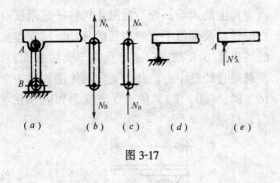

（a）　　（b）　　（c）　　（d）　　（e）

图 3-17

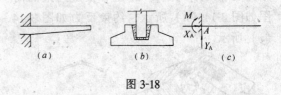

（a）　　　　（b）　　　　（c）

图 3-18

小　结

1. 在空间任何方向都能自由运动的物体称为自由体；某一方向的运动受到限制的物体称为非自由体；限制物体运动的装置称为约束。

2. 由约束引起的沿约束力方向阻碍物体运动的力称为约束反力。约束反力产生的前提条件是物体有沿约束方向的运动或运动趋势，约束反力的方向总是与约束所能阻碍的物体运动或运动趋势的方向相反。

分析约束反力，要根据约束的性质，看它如何限制物体的运动。对工程中常见的几种基本约束类型要正确理解，熟练掌握。

3.4 物体的静力分析和受力图

在静力学中，我们所研究的物体几乎都同周围的物体通过某一约束相互连接，它们在主动力和约束反力的作用下保持平衡。为了分析某一物体的受力情况，通常把该物体从与它有联系的周围物体中分离出来，这个分离出来的物体称为脱离体。将脱离体单独画出，并将周围物体对该物体的全部作用力（包括主动力和约束反力）都表示在脱离体图上，这样的图形称为受力图。

对物体进行受力分析、画受力图是解决静力学问题的关键一步，是静力计算的主要依据。正确地画出受力图，可以清楚地表明物体的受力情况，有助于对问题的分析和所需平衡方程的建立，因而它是分析力学问题的有效手段。如果不画受力图，求解就会发生困难，甚至无从下手；如果将受力图画错了，必定导致计算结果的错误，在实际工程中将会造成巨大的损失。因此，必须从一开始就养成良好的习惯，认真仔细地作受力图，从而进一步分析计算。

下面通过举例说明画受力图的方法及步骤。

【例 3-1】 图 3-19（a）所示一梯子 AB 重为 G，在 C 处用绳 CD 拉住，其支承面为光滑的，试作出梯子 AB 的受力图。

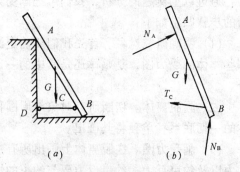

图 3-19

解：取梯子 AB 为研究对象，解除梯子

AB 的所有约束代之以约束反力。由于梯子在 A，B 两个点处均为光滑支承，故在这两处有约束反力 N_A 和 N_B；在 C 处有绳拉住，故有绳子拉力 T_C；这样再画上作用在梯子重心处的重力 G，就形成了梯子的受力图。如图 3-19（b）所示。

说明：在本例题中，各约束反力的方向是根据约束的性质判断出来的，而不是假设出来的。

【例 3-2】 如图 3-20（a）所示一简支梁 AB，梁上作用有一集中荷载 F，不计梁的自重，试画出梁 AB 的受力图。

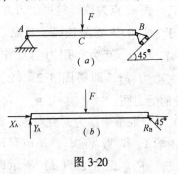

图 3-20

解：取梁 AB 为研究对象，解除约束，用相应约束反力来代替。其上作用有集中荷载 F，A 端为固定铰链支座，代之以支座反力 X_A 和 Y_A；B 端为活动铰链支座，约束反力 R_B 过支座中心且垂直于支座底面。根据以上分析作出梁 AB 的受力图如图 3-20（b）所示。

【例 3-3】 如图 3-21（a）所示，梁 AC、CB 铰接于 C 点，A 为固定端支座，B 为可动铰支座；梁上作用有集中荷载 F_1 和 F_2。试画出梁 AC、CB 及整体 ACB 的受力图。

解：（1）先取 CB 为研究对象，解除约束，用相应的约束反力来代替。由于 C 点为铰接点，故有约束反力 X_C 和 Y_C；B 点为可动铰支座，故支反力为 R_B；画上主动力 F_2，即得图 3-21（b）所示 CB 部分的受力图。

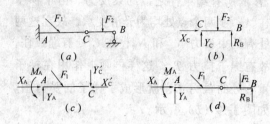

图 3-21

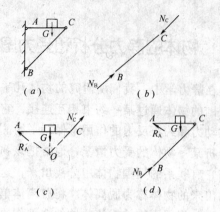

图 3-22

（2）再取梁 AC 为研究对象，解除约束，用相应的约束反力来代替，由于 A 点是固定端支座，约束反力有三个，即 X_A、Y_A 和 M_A，而 C 点为铰，约束反力为 X'_C 和 Y'_C。由于 AC 和 CB 部分铰接于 C 点，故 X_c 与 X'_c、Y_c 与 Y'_c 互为作用力与反作用力。再画上主动力 F_1，即得图 3-21（c）所示 AC 部分的受力图。

（3）最后取整个梁为研究对象，约束反力有：A 端 X_A 和 Y_A 和 M_A；B 端有 R_B；主动力有 F_1、F_2。图 3-21（d）所示即为整个梁的受力图。

说明：铰 C 是梁 AC 和 CB 的连接点，当分别研究 AC 及 CB 部分的受力时，需要解除该约束，暴露出约束反力，故受力图（b）、（c）出现了相应的约束反力；当以整体研究对象时，铰 C 为其中的一部分，该约束不能解除，约束反力未被暴露，故受力图（d）中没出现铰 C 相应的约束反力。

【例 3-4】 如图 3-22（a）所示，三角形支架 ACB 的 A、B 和 C 三处均以光滑铰链连接，各杆均不计自重，在 AC 杆上放置一重物 G，试画出 AC 杆、BC 杆以及整个支架的受力图。

解：（1）先取 BC 杆为研究对象，由于 BC 杆两端用铰链连接，且不计杆自重，中间又无荷载作用，故为二力杆。解除其约束，约束反力分别为 N_B 及 N_C（假定为压力）。据二力平衡公理，此二力必等值、

反向、共线，受力图如图 3-22（b）所示。

（2）取杆 AC 为研究对象，作用在 AC 杆上的力有重力 G 和 BC 杆的反作用力 N'_C，由于杆 AC 不计自重且又处于平衡状态，故 A 端的约束反力 R_A 必定通过力 G 与 N'_c 的作用线的交点 O，所以可确定 R_A 作用线的方位，指向假定，受力图如图 3-22（c）所示。

（3）取整个支架为研究对象，其上作用有三个力、重力 G，约束反力 R_A、N_B。因这三个力均已知，故可作出受力图，见图 3-22（d）。

说明：整个结构处于平衡状态，结构中的任何一部分必然处于平衡状态，因而分析 AC 及 BC 的受力时，才可分别应用三力平衡汇交定理及二力平衡公理。

通过以上例题的分析，我们可把画受力图的步骤归纳如下：

（1）明确研究对象。首先我们要确定画哪些物体的受力图，是整体还是其中的一部分。

（2）画脱离体。切断研究对象与周围物体的一切联系，单独将其画出。

（3）画受力图。在脱离体上画出所有主动力以及约束反力；约束反力要与约束的性质相对应。

3.5　平面汇交力系

　　在日常生活中，经常遇到作用在物体上的一群力，其作用线汇交于一点，这样的力系称为汇交力系。若汇交力系中所有力的作用线都在同一平面内，则该力系称为平面汇交力系。平面汇交力系是力学中最基本的力系，它不仅是研究其他复杂力系的基础，而且在实际工程中亦有较广泛的应用。图 3-23（a）所示一钢桁架；其结点 C 所受的力（如图（b）所示）为平面汇交力系；又如图 3-24（a）所示吊运混凝土梁或板时，作用于吊钩 C 上的力亦构成了平面汇交力系，如图（b）所示。这样的例子还很多。下面我们分别用几何法和解析法来讨论平面汇交力系的合成及平衡问题。

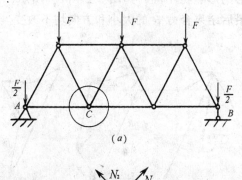

图 3-23

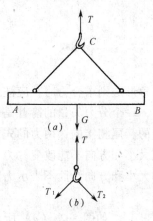

图 3-24

3.5.1　平面汇交力系合成与平衡的几何法
（1）平面汇交力系合成的几何法

　　在静力计算时，为了简化计算过程，将作用在物体上的几个力合成为一个力，这一过程叫做力的合成。前面我们介绍了力的平行四边行公理就是求解两个汇交力合力的一种基本方法，而对于多个力的合成又将如何解呢？

　　1）两个汇交力的合成

　　设一刚体在 O 点受到力 F_1 和 F_2 作用，两力相交成 α 角，试求它们的合力。

　　利用平行四边形公理，选择适当的比例作力的平行四边形，如图 3-25（a）图示，R 即为 F_1 和 F_2 的合力，这种依据力的大小和方向，选择恰当比例用作图的方法求解合力的过程称为几何法。在作图过程中，为了简化起见，可以利用平行四边形的对边平行且相等的性质，以及力是矢量的性质，画出一半即三角形 OAB 即可。如图 3-25（b）所示，直接将力 F_2 平移至 A 点得 AB，连接起点 O 和终点 B，所得的 OB 即代表合力 R，合力 R 的方向由起点 O 指向终点 B，这种求合力的方法称为力的三角形法则。

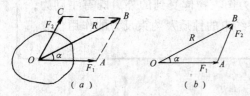

图 3-25

用三角形法则求合力时，应注意在画力三角形时，一个分力矢量的箭首是和另一个分力矢量的箭尾相接的，两力的先后次序可任选，但大小和方向不能改变；力三角形只表明力的大小和方向，而不表示力的作用点或作用线。

【例 3-5】 如图 3-26（a）所示，放置在一光滑支承面上的物体受一水平推力 $F_1 = 17kN$ 以及与水平线成 45°夹角斜向上的拉力 $F_2 = 13kN$ 的作用，求两力的合力 R。

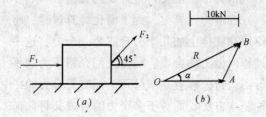

图 3-26

解：这是典型两力汇交求合力的问题，可用三角形法则求解，步骤如下：

a. 选比例：1cm = 10kN；

b. 任选一点 O，画水平线 $OA = 1.7cm$，以表示水平推力 $F_1 = 17kN$；

c. 由点 A 画与水平线成 45°角的斜线段 $AB = 1.3cm$ 以表示力 $F_2 = 13kN$；

d. 连接 OB，即得合力的大小和方向，见图 3-6（b）。按比例量出：$OB = 2.7cm$，即表示 $R = 27kN$，$\alpha = 20°06'$，即表示合力 R 与力 F_1 的夹角度为 20°06'，指向斜上方。

2）平面多个汇交力的合成

前面已经讲过，两个共点力的合成，可用力的三角形法则求出。对于多个力的合成，我们仍然可以应用三角形法则，先求两个力的合力，再用这个合力与其他任一力合成，这样逐个合成，最后求出合力。这种连续应用力三角形法则用作图的方法求多个汇交力的合力的方法称之为力的多边形法则。如图 3-37（a）所示，设有一汇交力系 F_1、F_2、F_3、F_4 作用于 O 点，求它们的合力。为此，可以连续应用力的三角形法则。首先将力 F_1 与 F_2 合成为一个力 R_1；然后再将力 R_1 与 F_3 合成为 R_2，最后将力 R_2 与 F_4 合成，得力 R，力 R 就是这一汇交力系 F_1、F_2、F_3、F_4 的合力。图中多边形 $ABCDE$ 称为力多边形。如图 3-27（b）所示。在实际作图求合力时，R_1 和 R_2 等线段不必画出，只需将力系中各力按原交角首尾相接地依次按比例画出，最后连接第一个分力的起点和最后一个分力的终点，所得的有向线段表示力系合力的大小和方向。在作图时，如果改变力的先后次序，得到的力多边形的形状将不同，如图 3-27（c）所示，但最后结果合力 R 的大小和方向均不改变。

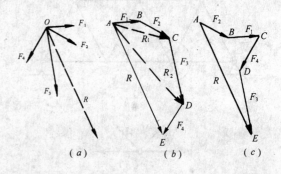

图 3-27

力的多边形法则可表达为：

$$R = F_1 + F_2 + \cdots + F_n = \Sigma F \quad (3\text{-}1)$$

式（3-1）说明平面汇交力系合成的结果是一个合力，合力的大小和方向等于原力系中各力的矢量和，其作用点是原汇交力系的汇交点。

【例3-6】 已知 O 点作用有五个力，$F_1 = 40kN$，$F_2 = 20kN$，$F_3 = 60kN$，$F_4 = 50kN$，$F_5 = 30kN$，方向如图 3-28（a）所示，试用几何法求该平面汇交力系的合力 R。

解：这是平面汇交力系的合成问题，可用力多边形法则求合力 R 的大小和方向。具体步骤如下：

选择比例：1cm = 20kN；从任一点 A 开始，按力 F_1、F_2、F_3、F_4、F_5 各自的大小和方向，依次平移首尾相接形成开口的多边形 $ABCDEF$；连接起点 A 和终点 F，即得合力 R，方向由起点 A 指向终点 F；把合力 R 按大小和方向标注在图 3-28（a）上。

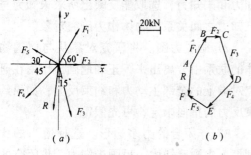

图 3-28

（2）力的分解

根据力的平行四边形公理，作用于刚体上的两个力可将其合成为一个力；反之，一个已知也可分解为作用在同一平面内的两个分力。

把一个力分解为两个力，从几何作图角度来看，就是以该力为对角线作平行四边形。显然，若没有足够的附加条件，则可作出无数多个平行四边形，也就是说其解答无穷多，如图 3-29 所示。为了使问题有唯一

的解答，必须要有足够的附加条件，如已知两个分力的方向、或两个分力的大小、或一个分力的大小和方向等。例如：若将力 F 沿角直角坐标轴 x、y 分解，可过已知力 F 的终点 A 分别作平行于 x、y 轴的平行线，并分别与 x、y 轴相交于 B、C 两点，形成平行四边形 $OBAC$，从而得到所求两个分力：OB 边为分力 F_x，OC 边分力为 F_y。如图 3-30 所示。

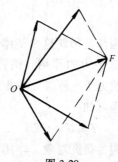

图 3-29

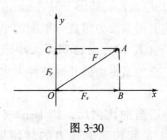

图 3-30

（3）平面汇交力系平衡的几何条件

平面汇交力系可合成为一个合力，即合力与原力系等效。在合力作用下，要使物体保持平衡，则合力为零。由前可知，合力是由开口的力多边形封闭边表示的，要使合力为零，则最后一个力的终点必与第一个分力的起点重合，即力多边形自行闭合。

所以平面汇交力系平衡的充分必要条件是：力多边形自行闭合。此时，力系的合力等于零，即：

$$R = 0 \text{ 或 } \Sigma F = 0 \quad (3\text{-}2)$$

应用上述结论可以求得平衡的平面汇交力系中的两个未知力。

【例3-7】 图 3-31（a）所示一起重机

吊起一重为 $G = 10kN$ 的构件。若构件处于平衡状态，钢索与水平线的夹角都等于 $45°$，不计吊钩与钢索的自重，求钢索的拉力。

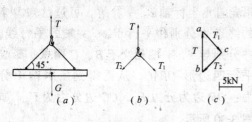

图 3-31

解： 取构件与吊钩这一整体作为研究对象，它受到二个力的作用：构件自重 G 与铅直钢索的拉力 T，是二力平衡问题。根据二力平衡公理可知：

$$T = G = 10kN$$

再取吊钩为研究对象，作用在吊钩上的力有：铅直钢索对吊钩的拉力 T、钢索对吊钩的拉力 T_1、T_2。如图 3-31（b）所示，作用在吊钩上的三个力组成一平衡的平面汇交力系，T_1、T_2 的方向已知而大小未知，应用平面汇交力系平衡的几何条件可求出它们的大小。

选一适当的比例尺，如 $1cm = 5kN$，自任意一点 a 起按比例作力的封闭多边形，如图 3-31（c）所示，按比例尺量得 $T_1 = T_2$ $= 7.07kN$，即斜钢索拉力都是 $7.07kN$。

【例 3-8】 图 3-32（a）所示支架，杆 AC、BC 铰接于 C 点，两杆的另一端分别铰支于支座上，在 C 点作用有一力 $P = 40kN$，不计杆重，试求杆 AC、BC 所受的力。

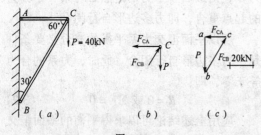

图 3-32

解： 杆 AC、BC 的两端铰接，中间不受力，因此均为二力杆。

取铰接点 C 为研究对象，作用于 C 点上的力有：已知力 P、杆 AC、BC 对 C 点的作用力 F_{CA}、F_{CB}，其受力图如图 3-32（b）所示。

选用 $1cm = 20kN$ 的比例尺，作闭合的力三角形，如图 3-32（c）所示。由图可见，两未知力 F_{CA}、F_{CB} 的指向正确。按比例尺量得：

$$F_{CA} = 23kN \quad F_{CB} = 46kN$$

求出 F_{CA}、F_{CB} 后，根据作用力与反作用力之间的关系可知：铰结点 C 对杆 AC 的作用力 $F'_{CA} = 23kN$，对杆 BC 的作用力 $F'_{CB} = 46kN$，由此可判断出杆 AC 受拉，杆 BC 受压。

通过以上例题，可知用几何法求解平面汇交力系平衡问题的步骤如下：

1）选取研究对象。弄清题意，明确已知力和未知力，选取能反映出所求未知力与已知力之间关系的物体作为研究对象。

2）画受力图。将研究对象从与周围物体的联系中分离出来，正确地画出作用在研究对像上的全部主动力和约束反力；如果约束反力的指向未定，可先假定。

3）作闭合的力多边形。选择适当的比例尺，先画已知力，后画未知力，作闭合的力多边形。注意力多边形中各力首尾相联。

4）求出未知力。从力多边形中量出所求力的大小和方位，根据该力的箭头方向来确定未知力的指向。

3.5.2 平面汇交力系合成与平衡的解析法

（1）平面汇交力系合成的解析法

用几何法求平面汇交力系的合力，简捷而且直观，但精度差。在力学计算中，通常采用另一种方法——解析法，这种方法以力在坐标轴上的投影作为计算的基础。

1）力在坐标轴上的投影

设力 F 作用于物体的 A 点（图3-33），取直角坐标系 xoy，使力 F 在 xoy 平面内。从力 F 的起点 A 及终点 B 分别向 x 轴作垂线，得垂足 a、b。两垂线在 x 轴上所截得的线段 ab 再加上正（负）号，称为力 F 在 x 轴上的投影，用 X 表示。

正负号规定如下：从投影的起点 a 到终点 b 的指向与投影轴的正方向一致时，该投影取正号；反之取负号。同样线段 $a'b'$ 加上正（负）号即是力 F 在 y 轴上的投影，用 Y 表示。

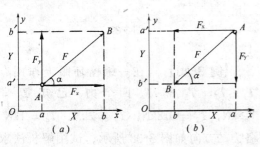

图 3-33

通常采用力 F 与坐标轴 x 所夹的锐角来计算投影，其正负号可根据上述规定直观判断得出。由图3-33（a）、（b）可见，投影 X 和 Y 可用下列式子计算：

$$\begin{cases} X = \pm F\cos\alpha \\ Y = \pm F\sin\alpha \end{cases} \quad (3\text{-}3)$$

式中 α 为力 F 与 x 轴所夹的锐角。

必须指出，力在坐标轴上的投影和力沿坐标方向上的分力是不相同的两个概念。力在坐标轴上的投影是代数量，只有大小和正负号；而力的分力是矢量，有大小、方向，其作用效果还与作用点或作用线有关。

【例3-9】 试求图3-34中各力在 x、y 轴上的投影。

解：应用公式（3-3）得：

$$X_1 = F_1 \cdot \cos60° = \frac{1}{2}F_1$$

$$Y_1 = F_1 \cdot \sin60° = \frac{\sqrt{3}}{2}F_1$$

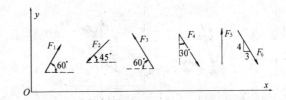

图 3-34

$$X_2 = -F_2 \cdot \cos45° = \frac{\sqrt{2}}{2}F_2$$

$$Y_2 = -F_2 \cdot \sin45° = \frac{\sqrt{2}}{2}F_2$$

$$X_3 = -F_3 \cdot \cos60° = \frac{1}{2}F_3$$

$$Y_3 = F_3 \cdot \sin60° = \frac{\sqrt{3}}{2}F_3$$

$$X_4 = F_4 \cdot \sin30° = \frac{1}{2}F_4$$

$$Y_4 = -F_4 \cdot \cos30° = -\frac{\sqrt{3}}{2}F_4$$

$$X_5 = F_5 \cdot \cos90° = 0$$

$$Y_5 = F_5 \cdot \sin90° = F_5$$

$$X_6 = \frac{3}{5}F_6$$

$$Y_6 = -\frac{4}{5}F_6$$

由本例题可知，当力与坐标轴垂直时，力在该轴上的投影为零；当力与坐标轴平行时，力在该轴上的投影的绝对值等于力的大小。

2）合力投影定理

图3-35（a）表示作用于 A 点的两个力 F_1 和 F_2，试求其合力。用力的三角形法则求出其合力 R，如图3-35（b）所示。在力作用平面内选取坐标系 xoy，将合力 R 和分力 F_1、F_2 分别向 x、y 轴投影。

力 F_1、F_2 在 x、y 轴上的投影分别是：

$$X_1 = ab \qquad X_2 = bc$$

$$Y_1 = a_1 b_1 \qquad Y_2 = b_1 c_1$$

合力 R 在 x、y 轴上的投影分别是：

$$R_x = ac \qquad R_y = a_1 c_1$$

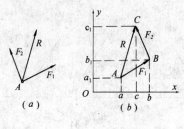

图 3-35

从图中几何关系可得：

$$ac = ab - bc$$

$$a_1 c_1 = a_1 b_1 + b_1 c_1$$

因此可得：

$$R_x = X_1 + X_2$$

$$R_y = Y_1 + Y_2$$

这一关系可推广到任意个平面汇交力的情形，即：

$$\begin{cases} R_x = x_1 + x_2 + \cdots + x_n = \Sigma X \\ R_y = Y_1 + Y_2 + \cdots + Y_n = \Sigma Y \end{cases} \quad (3-4)$$

由此可见，合力在任一轴上的投影，等于各分力在该轴上投影的代数和，这就是合力投影定理。

3）用解析法求平面汇交力系的合力

当平面汇交力系为已知时，我们可以求出力系中各分力在坐标轴 x、y 上的投影，再根据合力投影定理求得合力 R 在 x、y 轴上的投影 R_x、R_y，从图 3-36 中的几何关系可知，合力 R 的大小和方向可由下式确定：

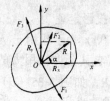

图 3-36

$$\begin{cases} R = \sqrt{R_x^2 + R_1^2} = \sqrt{(\Sigma X)^2 + (\Sigma Y)^2} \\ \tan\alpha = \dfrac{|R_y|}{|R_x|} = \dfrac{|\Sigma Y|}{|\Sigma X|} \end{cases} \quad (3-5)$$

式中 α 为合力 R 与 x 轴所夹的锐角，合力 R

46

的指向可由 ΣX 及 ΣY 的正负号决定，具体说明见图 3-37。合力的作用线通过汇交力系的汇交点。

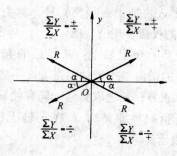

图 3-37

【例 3-10】 在一螺栓环眼上作用有 T_1、T_2、T_3 和 T_4 四个力，已知 $T_1 = 1.5\text{kN}$，$T_2 = 0.8\text{kN}$，$T_3 = 2\text{kN}$，$T_4 = 1\text{kN}$，各力的方向如图 3-38 所示，试用解析法求其合力的大小。

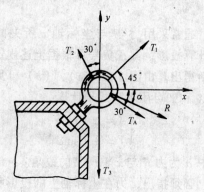

图 3-38

解： 建立图示坐标系，根据式（3-4）可得：

$$R_x = \Sigma X = T_1 \cos45° - T_2 \cos60° + 0 + T_4 \cos30° = 1.527\text{kN}$$

$$R_y = \Sigma Y = T_1 \sin45° + T_2 \sin60° - T_3 - T_4 \sin30° = -0.746\text{kN}$$

由式（3-5）得：

$$R = \sqrt{R_x^2 + R_y^2}$$

$$= \sqrt{(1.527)^2 + (-0.746)^2}$$
$$= 1.696 \text{kN}$$

合力方向:

$$\tan\alpha = \frac{|R_y|}{|R_x|} = \frac{|-0.746|}{|1.527|} = 0.49$$

$$\alpha = 26°06'$$

因 R_x 为正值,R_Y 为负值,故 α 在第四象限,合力 R 的作用线通过 O 点,如图所示。

(2) 平面汇交力系平衡的解析条件

从平面汇交力系平衡的几何条件可知:平面汇交力系平衡的充分和必要条件是该力系的合力等于零,用解析式表达为:

$$R = \sqrt{R_x^2 + R_y^2} = 0$$

上式中 R_x^2、R_y^2 恒为正数。要使 $R=0$,必须满足:

$$\begin{cases} \Sigma X = 0 \\ \Sigma Y = 0 \end{cases} \quad (3\text{-}6)$$

反之,若式 (3-6) 成立,则力系的合力必为零。所以,平面汇交力系平衡的解析条件是:力系中所有各力在两个坐标轴中每一轴上投影的代数和都等于零。式 (3-6) 称为平面汇交力系的平衡方程。应用这两个独立的方程可以求解两个未知量。

【例 3-11】 试用解析法求图 3-39 (a) 所示刚架的支座反力,已知:$F=20\text{kN}$,不计刚架的自重。

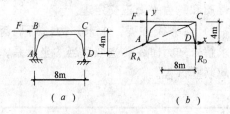

图 3-39

解:考虑刚架的平衡,作受力图如图 3-39 (b) 所示。因刚架仅受三个力的作用,故三力必汇交于 C 点。

建立图示直角坐标系,列平衡方程:

$$\Sigma X = 0: \qquad F + \frac{2}{\sqrt{5}}R_A = 0 \qquad (1)$$

$$\Sigma Y = 0: \qquad R_D + \frac{1}{\sqrt{5}}R_A = 0 \qquad (2)$$

解方程 (1) 得:

$$R_A = -\frac{\sqrt{5}}{2} \cdot F = -22.4 \text{kN}$$

代入 (2) 式得:$R_D = F/2 = 10.0 \text{kN}$

R_A 为负值,表明 R_A 的实际指向与假定指向相反;R_D 为正值,说明 R_D 的实际指向与假定指向相同。

【例 3-12】 图 3-40 (a) 是一个桅杆起重装置的简图。滑轮 A 装在把杆 AC 的上端,在滑轮轴上用钢索 AB 把 AC 拉住,重物 $G = 20\text{kN}$ 被等速起吊,不计滑轮、钢索及杆 AC 的重量及滑轮的摩擦,试求钢索 AB 和把杆 AC 所受的力。

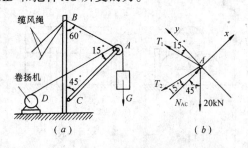

图 3-40

解:取滑轮 A 为研究对象。作用在滑轮上的力有四个:重力 G,钢索 AB 的拉力 T_1;起重钢索 AD 的拉力 T_2;杆 AC (二力杆) 对滑轮的约束反力 N_{AC},假定 N_{AC} 指向如图所示。因滑轮的大小不计,这四个力可视为平面汇交力系。滑轮的受力图如图 3-40 (b) 所示。

为了避免解联立方程,取坐标系如图 3-40 (b) 所示,其中 y 轴垂直于未知力 N_{AC}。列平衡方程:

$$\Sigma Y = 0: T_1\cos15° + T_2\sin15° - 20\sin45° = 0$$
$$\Sigma X = 0: N_{AC} - T_1\sin15° - T_2\cos15° - 20\cos45° = 0$$

又滑轮的轴承是光滑的,所以 $T_2 = G =$

47

20kN，代入上列方程，解得：

$$T_1 = 9.28\text{kN} \qquad N_{AC} = 35.9\text{kN}$$

计算结果均为正值，说明图（b）中所示假定的两个力的方向均和实际方向一致，即 AC 杆受压，钢索受拉。

【例 3-13】 将三根相同的圆木 A、B、C 叠放在地面上，两边各用铅垂挡板挡住，如图 3-41（a）、（b）所示。每根圆木重 2kN，求圆木对每块挡板的压力。

解： 先取上面的圆木为研究对象，画出它的受力图 [图 3-41（c）]。因为两边挡板受力对称，而且每一边有两块挡板，只需计算任意一块挡板所受的力，所以只要考虑圆木重量的一半。N_1、N_2 分别是下层两根圆木对上面圆木的反力。三根圆木的直径相同，因而 N_1、N_2 两反力与铅垂直线之间的夹角为 30°。

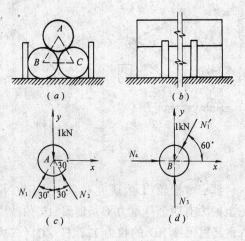

图 3-41

作用在上面圆木上的三个力组成一个平面汇交力系，列出平衡方程：

$$\sum X = 0 \qquad N_1\sin 30° - N_2\sin 30° = 0 \qquad (1)$$

$$\sum Y = 0 \qquad N_1\cos 30° + N_2\cos 30° - 1 = 0 \quad (2)$$

由式（1）得 $N_1 = N_2$，代入（2）式得 $N_1 = 0.577\text{kN}$。

再取下层任意一根圆木为研究对象，画出它的受力图，如图 3-41（d）所示。图中 N_3 和 N_4 分别表示地面和左边挡板对该圆木的支反力。N_1 与 N_1' 是作用力与反作用力。应当注意，左边圆木虽然与右边圆木接触，但是由于它们都只有向挡板运动的趋势而没有相互挤压的趋势，所以它们之间没有压力作用。

为了求得挡板的反力 N_4，只须列出平衡方程：

$$\sum X = 0 \qquad N_4 - N_1'\cos 60° = 0$$

将 $N_1' = N_1 = 0.577\text{kN}$ 代入，即得：

$$N_4 = N_1' \cdot \cos 60° = 0.577 \times \frac{1}{2} = 0.289\text{kN}$$

所以圆木对挡板压力的大小与 N_4 相等，方向为水平向左，作用在下层圆木与该挡板接触点处。

通过以上例题分析，可把平面汇交力系平衡问题的解题步骤归纳如下：

1）根据题意选取适当的研究对象。

2）画受力图。画受力图时，注意作用力与反作用力之间的关系，正确运用二力杆的性质和三力平衡汇交定理。

3）列平衡方程，求未知力。列平衡方程求解未知力时，要选取适当的坐标系，避免解联立方程。

小　结

本节就平面汇交力系的合成与平衡问题分别用几何法和解析法进行了讨论，重点是解析法。

1. 平面汇交力系的合成：合力等于各分力的矢量和。

（1）几何法：用力多边形的封闭边表示合力 R 的大小和方向。

（2）解析法：

合力大小：$R = \sqrt{(\Sigma X)^2 + (\Sigma Y)^2}$

合力方向：$\tan\alpha = \left| \dfrac{\Sigma Y}{\Sigma X} \right|$

式中 α 是合力 R 与 x 轴所夹的锐角。

2. 平面汇交力系平衡的条件：合力 R 为零。

（1）几何法：力多边形中各力首尾相接，自行闭合。

（2）解析法：

$$\begin{cases} \Sigma X = 0 \\ \Sigma Y = 0 \end{cases}$$

该式称为平面汇交力系的平衡方程，利用该方程可求解两个未知力。

3.6 力矩、平面力偶系

3.6.1 力对点的矩、合力矩定理

（1）力对点的矩

力作用于物体上，在一般情况下除能使物体产生移动外，还能使物体产生转动。那么力使物体产生绕某点的转动效应与哪些因素有关呢？下面以扳手拧紧螺母为例来说明，如图 3-42 所示。作用于扳手一端的力 F 产生的效果是使螺母绕中心点 O 转动，实践证明：力越大转动作用越大；O 点到力 F 作用线的垂直距离 d 越远，转动作用越大。在建筑工地钢筋弯钩、钉锤起钉、开启门窗等都是同样的道理。实践证明：力使物体绕某点的转动效应，不仅与力 F 的大小

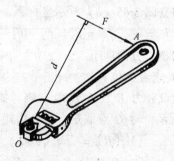

图 3-42

成正比，而且还与转动中心到力的作用线的垂直距离 d 成正比。为了度量力使物体绕某一点转动的效果，我们引入"力对点的矩"这个物理量，简称为力矩。力 F 与力臂 d 的乘积称为力 F 对 O 点的力矩，用符号 $M_o(F)$ 表示，即：

$$M_o(F) = \pm Fd \qquad (3-7)$$

式中 O 点称为力矩中心，简称矩心；d 称为力臂。用正负号表示物体绕矩心旋转时的转动方向，通常规定：力矩使物体绕矩心逆时针方向转动时，力矩取正号，反之取负号。

力矩的单位，在国际单位制中通常是牛顿·米（N·m）或千牛顿·米（kN·m）；在工程单位制中采用千克力·米（kgf·m）或吨力·米（tf·m）。

【例 3-14】 在柱 AB 的顶点 A 处作用有四个力，大小及方向如图 3-43 所示，求各力对柱脚 B 点的力矩大小。

解：根据力矩的定义可得：

$$M_B(F_1) = F_1 \cdot d_1 = 50 \times 6$$
$$= 300 \text{kN} \cdot \text{m}$$
$$M_B(F_2) = -F_2 \cdot d_2 = -40 \times 6\sin 30°$$
$$= -120 \text{kN} \cdot \text{m}$$
$$M_B(F_3) = F_3 d_3 = 30 \times 0 = 0$$

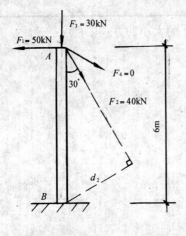

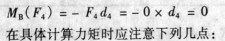

图 3-43

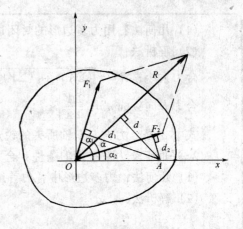

图 3-44

$$M_B(F_4) = -F_4 d_4 = -0 \times d_4 = 0$$

在具体计算力矩时应注意下列几点：

1）力矩是对某一确定的矩心而言，同一个力对不同的矩心有不同的力臂，因而有不同的力矩（包括大小和转向）。

2）力的作用线通过矩心时，力矩为零；

3）力沿着它的作用线移动时，力臂不变，因而力矩也不变。

（2）合力矩定理

在平面汇交力系中，各分力对物体的作用效果，可以用它们的合力来代替，现在来讨论一下各分力对某一点的力矩与它们的合力对同一点的力矩间有什么关系呢？

设有一平面汇交力系 F_1、F_2，作用于物体的 O 点，其合力为 R，如图 3-44 所示。在其作用平面内取一点 A，由力矩定义可得：

$$M_A(F_1) = F_1 d_1$$
$$M_A(F_2) = F_2 d_2$$
$$M_A(R) = Rd$$

以 O 点为坐标原点，OA 为 x 轴建立图示坐标系，则

$$M_A(F_1) = F_1 d_1 = F_1(OA\sin\alpha_1) = OA \cdot (F_1\sin\alpha_1) = OA \cdot F_{1y}$$

$$M_A(F_2) = F_2 d_2 = F_2(OA\sin\alpha_2) = OA \cdot (F_2\sin\alpha_2) = OA \cdot F_{2y}$$

$$M_A(R) = Rd = R(OA\sin\alpha) = OA \cdot (R\sin\alpha) = OA \cdot R_y$$

由合力投影定理可知：$R_y = F_{1y} + F_{2y}$

故 $OA \cdot F_{1y} + OA \cdot F_{2y} = R_y \cdot OA$

即 $M_A(R) = M_A(F_1) + M_A(F_2)$

若力系中有多个力，则可推广得：

$$M_A(R) = \Sigma M_A(F) \qquad (3-8)$$

合力矩定理：平面汇交力系的合力对其作用平面内任一点的力矩，等于力系中各分力对该点力矩的代数和。

在计算力矩时，有时直接计算力臂比较复杂，而用分力来计算比较简单，便可应用合力矩定理。

【例 3-15】 试求图 3-45（a）所示三个平行力 F_1、F_2、F_3 的合力大小、方向和位置。

解：1）求合力的大小、方向

建立图 3-45（b）所示坐标系。

$\because R_x = 0$，$\therefore R = R_y = F_3 - F_1 - F_2$
$= -60\text{kN}$，方向向下。

2）求合力位置

假设合力 R 在 O 点的右侧，如图 3-45（b）所示，对 O 点取矩，由合力矩定理得：

$$M_o(R) = \Sigma M_o(F)$$

即 $R \cdot d_c = F_1 \times 0 - F_2 \times 1 + F_3 \times 2$

50

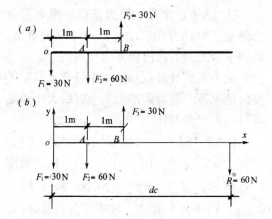

图 3-45

得：$d_c = \dfrac{F_2 \times 1 - F_3 \times 2}{60} = 0$

因 $d_c = 0$，所以合力 R 的作用线正好通过 O 点。

3.6.2 力偶

(1) 力偶的定义

在生产实践中，除遇到前面讨论的力使物体转动的情况外，还经常遇到另一种情况：由大小相等、方向相反、作用线平行的两个力作用在物体上使物体转动，例如驾驶员操纵汽车的方向盘时，两手所用的力 [图3-46 (a)]，木工用麻花钻钻孔时两手加在钻把上的力 [图3-46 (b)]，都属于这种情况。

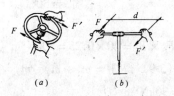

图 3-46

在力学中,把这种大小相等、方向相反、不共线的两个平行力称为力偶,用符号(F,F')表示。力偶所在的平面叫力偶作用平面;两个反向力之间的垂直距离叫力偶臂。

力对物体的作用效果,不仅可使物体转动,也可使物体移动;而力偶则不然,它只能使物体产生转动，而不能使物体产生移动。

(2) 力偶矩

力偶使物体的转动效果,可用力偶中的一个力与力偶臂乘积的大小来计量,以符号 m 表示，即:

$$m = \pm Fd$$

m 称力偶矩，F 为力偶中的一个力，d 为力偶臂，正负号表示力偶的转向，与力矩一样，使物体产生逆时针转向的力偶矩为正，反之为负。

力偶矩的单位与力矩的单位相同，常用单位牛顿·米(N·m)或千牛吨·米(kN·m)。

(3) 力偶的性质

力偶对物体的转动效果取决于力偶矩的大小，力偶的转向及力偶的作用平面。因此力偶具有以下性质:

1) 力偶没有合力，它在任一坐标轴上投影的代数和均为零。

设有一力偶（F，F'）作用于坐标系 xoy 平面内，如图 3-47 所示。

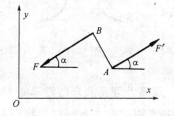

图 3-47

由图可知，力偶中两力 F、F' 在 x、y 轴上的投影分别为:

$F_x = -F\cos\alpha$，$F_y = -F \cdot \sin\alpha$

$F'_x = F\cos\alpha$，$F'_y = F'\sin\alpha$

因 $F = F'$

故 $\sum F_x = F_x + F'_x = -F\cos\alpha + F'\cos\alpha = 0$

$\sum F_y = F_y + F'_y = -F\sin\alpha + F'\sin\alpha = 0$

2) 力偶不能与力等效，只能与力偶等效。在同一平面内，力偶对物体的作用效果取决于力偶矩的大小和转动方向，只要保持

51

力偶矩的大小和转向不变，可任意改变力的大小和力偶臂的长短，而不影响力偶对物体的作用效果。图3-48所示的几个力偶都是等效力偶。

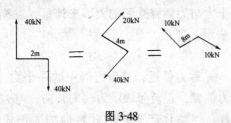

图 3-48

3）力偶不能和力平衡，而只能和力偶平衡。

4）力偶可以在其作用平面内任意移动和转动，而不会改变它对物体的作用效果。因此，力偶对物体的作用效果完全取决于力偶矩，而与其在作用平面内的位置无关。因此通常我们用图3-49所示一带箭头的弧线表示力偶。

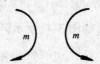

图 3-49

3.6.3 平面力偶系的合成及平衡

同前面讲过的力系一样，我们把同时作用在一个物体上的若干个力偶称为力偶系；若力偶的作用平面均在同一平面内，则该力偶系称为平面力偶系。

（1）平面力偶系的合成

由力偶的性质可知，力偶没有合力，它对物体的作用效果不能用一个力来代替，所以，平面力偶系合成结果必然是一个力偶。设 m_1、m_2、m_3……m_n 为平面力偶系中各力偶的力偶矩，M 为合力偶的力偶矩，其合力偶矩等于平面力偶系中各力偶矩的代数和。即：

$$M = m_1 + m_2 + \cdots + m_n = \Sigma m \quad (3-9)$$

式（3-9）计算结果为正值，则表示合力偶是逆时针方向转动；计算结果为负值，则表示合力偶为顺时针方向转向。

从力偶的性质可知，在保持合力偶矩不变的情况下，合力偶的力与力臂的大小也是可以任意调整的。

【例3-16】 一物体受三个力偶（F_1，F_1'）、（F_2，F_2'）、（F_3，F_3'）的作用，如图3-50所示，设 $F_1 = F_1' = 20kN$，$F_2 = F_2' = 30kN$、$F_3 = F_3' = 40kN$，试求其合力偶矩。

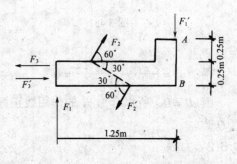

图 3-50

解： 用 m_1、m_2、m_3 分别表示力偶（F_1，F_1'）、（F_2、F_2'）和（F_3，F_3'）的力偶矩。

$$m_1 = -F_1 \times d_1 = -20 \times 1.25 = -25kN \cdot m \ (\downarrow)$$

$$m_2 = -F_2 \times d_2 = -30 \times \frac{0.25}{\sin30°} = -15kN \cdot m \ (\downarrow)$$

$$m_3 = F_3 \times d_3 = 40 \times 0.25 = 10kN \cdot m \ (\uparrow)$$

由式（3-9）得 $M = m_1 + m_2 + m_3 = -25 -15 + 10 = 30kN \cdot m \ (\downarrow)$

（2）平面力偶系的平衡

由上述可知，平面力偶系的合成结果是一个合力偶。显然，如果合力偶的力偶矩为零，则在该力偶系作用下，物体没有转动，处于平衡状态，即：

$$M = \Sigma m = 0 \quad (3-10)$$

式（3-10）称为平面力偶系的平衡方程，即平面力偶系平衡的充分必要条件是：

力偶系中各力偶矩的代数等于零。

【例 3-17】 图 3-51（a）所示一简支梁，跨度 5m，在梁跨内作用有一力偶 m，试求梁的支座反力。

解：取梁 AB 为研究对象，在梁上仅作用有力偶 m 这一荷载。根据约束的性质可知，Y_B 的作用线是铅直的，Y_A 的作用线待定。因为梁上的荷载仅有力偶，由力偶的性质可知：支座反力 Y_A 必定和支反力 Y_B 形成力偶，才能使梁 AB 平衡。梁 AB 的受力图见图 3-51（b）所示。由力偶系的平衡条件得：

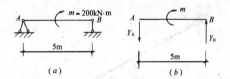

图 3-51

$$\Sigma m = 0 \qquad Y_A \cdot l - m = 0$$

得 $Y_A = Y_B = m/l = 200/5 = 40\text{kN}$

所求的结果为正值，说明我们假定的力方向与实际方向一致。

小　结

力矩和力偶是力学中两个不同的概念，它们都与物体的转动有关，要注意区别，不能混淆。

1. 力使物体绕矩心转动的效果用力矩来度量：$M_0(F) = \pm F \cdot d$；正负号规定如下：力使物体绕矩心转动方向为逆时针时取正号，反之取负号。

力使物体的转动效果与矩心的位置有关。

2. 合力矩定理：平面汇交力系中合力对其作用平面内的任一点的矩等于各分力对同一点矩的代数和，即 $M_0 = \Sigma m_0(F)$，它表达了合力与各分力对同一矩心的力矩之间的关系，通常用以简化计算力矩。

3. 力偶是由等值、反向、作用线平行的两个力所组成的特殊力系。它使物体产生转动，转动效果用力偶矩来度量：$m = \pm Fd$。

力偶对物体的转动效果与矩心无关。

4. 力偶没有合力；一个力不能和一个力偶相平衡；力偶在力偶矩的大小、转向不变的情况下，可任意改变力偶中力的大小及力偶臂的长短，并可在其作用平面内任意旋转、移动而不改变它对物体的作用效果，这就是力偶的等效性。

5. 平面力偶系可合成为一个合力偶，合力偶矩的大小等于各分力偶矩的代数和，即：$M = \Sigma m$

6. 平面力偶系平衡的条件是：合力偶矩为零，即 $\Sigma m = 0$。

3.7　平面一般力系

在平面力系中，作用线不全汇交于一点也不全互相平行的力系称为平面一般力系。在如图 3-52（a）所示的悬臂吊车横梁 AB 上，作用有吊车梁自重 G、物体重 Q、绳索拉力 T 及铰链 A 的约束反力 X_A、Y_A，其受力图如图 3-52（b）所示。从受力图可以看出，各力的作用线既不汇交于一点，又不相互平行，但它们的作用线都在吊车梁的纵向对称平面内，是平面一般力系。又如图 3-53 所示三角形屋架，在屋面重量、风力及支座反力作用下也属于一般力系。

53

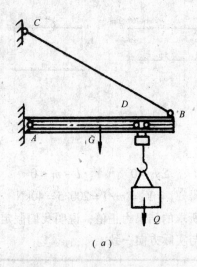

(a)

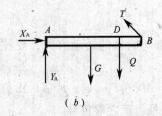

(b)

图 3-52

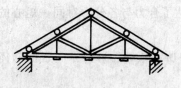

图 3-53

在现实生活中，有的结构所受的力本来不是平面力系，但常常可以简化为平面力系或近似地作为平面一般力系来考虑。如图 3-54 (a)所示的雨篷，计算时，在宽度方向上截取一单位宽度的窄条作为计算单元，如图 3-54 (b) 所示，使得原空间受力问题变成了一个平面受力问题。又如图 3-55 所示的拦水坝，也属于这种情况。

3.7.1　力的平移定理

为了应用前面已学过的知识来研究平面一般力系的合成与平衡问题，我们先来讨论力的平行移动问题。

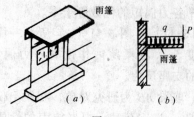

图 3-54

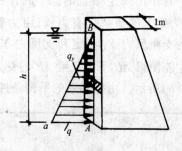

图 3-55

如图 3-56 (a) 所示的装置，在力的作用线通过铰链 O 时，构件保持平衡状态。当力 F 平行移动到 B 点时，构件不能保持平衡，绕 O 点发生了转动，如图 3-56 (b) 所示，可见力是不能随便平行移动的。若在力 F 平移的同时，加上一个附加力偶，使力偶的力偶矩 $m = -Fd$，则构件仍可保持平衡，和原来的效果一样，如图 3-56 (c) 所示。

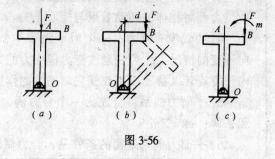

图 3-56

由此可知：作用在刚体上的力，可以平行移动到刚体上的任意一点，但必须同时附加一个力偶，其力偶矩等于原力对新作用点的力矩。这称为力的平移定理。

由力的平移定理可知：一个力可以和另一个力再加上一个力偶等效；反过来，作用于同一物体上的一个力和一个力偶也可合成为另一个力〔即从图 3-56（c）到图 3-56（a）〕。这个力与原力大小、方向都一样，作用线平行，两力之间的距离为 $d = m/F$。

3.7.2 平面一般力系向其作用平面内任一点的简化

一个平面汇交力系可以简化为一个合力，一个平面力偶系可以简化为一个合力偶。平面一般力系的简化结果又如何呢？

设在刚体上作用有平面一般力系 F_1、F_2、F_3……F_n，各力的作用点分别为 A_1、A_2、A_3……A_n，如图 3-57（a）所示。在此力系所在的平面内任选一点 O，此点称为简化中心。根据力的平移定理，现将各力平移到 O 点，其结果得到一个作用于 O 点的平面汇交力系（F_1'、F_2'……F_n'）和一个附加的平面力偶系，其力偶矩分别是 m_1、m_2……m_n，如图 3-57（b）所示。

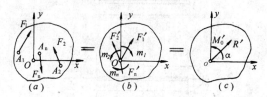

图 3-57

通过力的平移，平面一般力系可分解为两个基本力系：平面汇交力系和平面力偶系。平面汇交力系合成一个合力 $R' = \Sigma F'$，称为原力系的主矢；平面力偶系合成为一个合力偶，其力偶矩 $M_0 = \Sigma m$，称为原力系对简化中心 O 点的主矩。其结果如图 3-57（c）所示。主矢 R' 的大小可由平面汇交力系合成的解析法求得。即：

$$R' = \sqrt{(\Sigma X')^2 + (\Sigma Y')^2} \quad (3\text{-}11a)$$

式中　$\Sigma X' = X_1' + X_2' + \cdots\cdots + X_n'$

$\Sigma X' = Y_1' + Y_2' + \cdots\cdots + Y_n'$

$\because$　$F_1 = F_1'$，$F_2 = F_2'$，……$F_n = F_n'$

$\therefore$　$X_1 = X_1'$，$X_2 = X_2'$，……$X_n = X_n'$

　　$Y_1 = Y_1'$，$Y_2 = Y_2'$，……$Y_n = Y_n'$

因而式（3-11a）可写成：

$$R' = \sqrt{(\Sigma X)^2 + (\Sigma Y)^2} \quad (3\text{-}11b)$$

主矢 R' 的方向由下式确定：

$$\tan\alpha = \frac{|\Sigma Y|}{|\Sigma X|} \quad (3\text{-}12)$$

主矩 M_0 的值可用平面力偶系求合力偶矩的方法求得：

$$M_0 = m_1 + m_2 + \cdots\cdots + m_n = \Sigma m \quad (3\text{-}13)$$

由此可知：平面一般力系向其作用平面内任一点简化，其简化结果一般为作用于简化中心的一个主矢 R' 和一个作用在该平面上的主矩 M_0。

在应用上述结论时，应注意以下几点：

（1）主矢 R' 不是原力系的合力 R；主矩也不是原力系的合力偶矩。因为单独一个力 R' 或主矩并不与原力系等效，只有主矢 R' 和主矩 M_0 两者共同作用才与原力系等效。

（2）主矢 R' 的大小和方向与简化中心 O 点的位置无关。由式(3-11a)和(3-11b)可以看到，R' 的大小和方向可直接由原力系中各力在坐标轴上的投影求出，而与简化中心 O 点的位置无关。

（3）主矩 M_0 的大小和转向与简化中心 O 点的位置有关。因为选择不同的简化中心，相应地每个附加力偶的力偶臂也随着改变，故而主矩 M_0 的大小和转向也不同。

【例 3-18】　已知平面一般力系如图 3-58所示，试将该力系向 O 点简化，图中方格为 1m×1m。

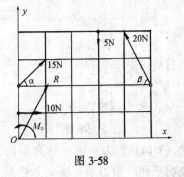

图 3-58

解：1）求主矢 R'

由图可知：

$$\cos\alpha = \frac{1}{\sqrt{1^2+1^2}} = \frac{1}{\sqrt{2}} = 0.707$$

$$\sin\alpha = \frac{1}{\sqrt{1^2+1^2}} = \frac{1}{\sqrt{2}} = 0.707$$

$$\cos\beta = \frac{1}{\sqrt{1^2+2^2}} = \frac{1}{\sqrt{5}} = 0.447$$

$$\sin\beta = \frac{2}{\sqrt{5}} = 0.894$$

$$\Sigma X = 15 \times 0.707 + 10 - 20 \times 0.477$$
$$= 11.7N$$

$$\Sigma Y = 15 \times 0.707 - 5 + 20 \times 0.894 = 23.4N$$

$$R' = \sqrt{11.7^2 + 23.4^2} = 26.1N$$

$$\tan\beta = \frac{|R_y|}{|R_x|} = 2$$

$$\therefore \beta = 63°43', \text{即 } R' \text{指向右上方。}$$

2）求主矩 M_0

$$M_0 = \Sigma M_0(F) = -10 \times 1 - 15 \times 2$$
$$\times \cos\alpha - 5 \times 3 + 20 \times 2 \times \cos\beta +$$
$$20 \times 5 \times \sin\beta$$
$$= 61.1N \cdot m$$

转向为逆时针。

3.7.3 平面一般力系的平衡条件

由前述可知，平面一般力系可分解为一个平面汇交力系和一个平面力偶系。若分解所得的两个基本力系是平衡力系，则说明原力系是一个平衡力系。因此，平面一般力系平衡的充分必要条件是：力系的主矢和主矩都为零。

即：

$$\begin{cases} R' = 0 \\ M_0 = 0 \end{cases}$$

上式可写成：

$$\begin{cases} \Sigma X = 0 \\ \Sigma Y = 0 \\ \Sigma M = 0 \end{cases} \qquad (3\text{-}14)$$

式（3-14）称为平面一般力系的平衡方程。表明平面一般力系平衡的条件是力系中

的各力在两个坐标轴上投影的代数和都等于零，且各力对其作用平面内任一点的力矩代数和也等于零。前两个方程式是投影方程，两个方程都为零，说明在该力系作用下，物体不会移动；后一个是力矩方程，它等于零，说明物体不会转动。物体在力的作用下，既不移动，也不转动，说明物体处于平衡状态，因而该力系是一个平衡力系。

平面一般力系的平衡方程，一方面可以用来判别平面一般力系是否是平衡力系；另一方面可以对处于平衡状态的物体求解未知力，它有三个独立的方程，可用来求解三个未知数。

【例 3-19】 图 3-59（a）所示悬臂梁 AB。在该梁上作用有一集中荷载 P 及均布线荷载 q，试求梁 A 端的支座反力。

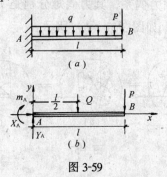

图 3-59

解：为了计算方便，我们首先将均布荷载合成为一个合力 Q，合力的大小等于力的分布集度乘以分布范围，即 $Q = q \cdot l$；作用点在分布面积的形心处，即作用在梁 AB 的中心点。以梁以为研究对象，作受力图如图 3-59（b）所示。

作用在梁上的力为平面一般力系，由平面一般力的平衡方程得：

$$\Sigma X = 0 \qquad X_A = 0$$

$$\Sigma Y = 0 \qquad Y_A - Q - P = 0$$

$$\Sigma M_A = 0 \qquad -M_A - Q \times l/2 - P \times l = 0$$

将 $Q = q \times l$ 代入上述方程，得：

$$X_A = 0, Y_A = P + q \times l, M_A = -ql^2/2 - Pl$$

式（3-14）只是平面一般力系平衡方程的基本形式，为了便于计算，平面一般力系的平衡方程也可以写成以下两种形式：

（1）二矩式

$$\begin{cases} \Sigma M_A(F) = 0 \\ \Sigma M_B(F) = 0 \\ \Sigma X = 0 \ （或 \Sigma Y = 0）\end{cases} \quad (3\text{-}15)$$

其中：A、B 两点的连线不能垂直于 X 轴（或 Y 轴）。

（2）三矩式

$$\begin{cases} \Sigma M_A(F) = 0 \\ \Sigma M_B(F) = 0 \\ \Sigma M_C(F) = 0 \end{cases} \quad (3\text{-}16)$$

其中：A、B、C 三点不共线。

式（3-14）、式（3-15）和式（3-16）都是平面一般力系的平衡方程，均可用来解决平面一般力系的平衡问题。但具体应用时，究竟采用哪一组，主要取决于计算是否简便，力求避免解联立方程组。无论如何，它只有三个独立的平衡方程，因而最多可求解三个未知数，其他再列出的平衡方程都不再独立，不能用来求解未知数，但可用来校核计算结果正确与否。

【例 3-20】 图 3-60（a）所示为一简支斜梁，已知：$\alpha = 30°$，$F_1 = F_2 = 20\text{kN}$，试求梁支座 A、B 的反力。

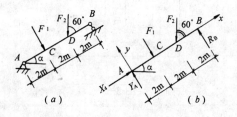

图 3-60

解： 取梁 AB 为研究对象，作如图 3-60（b）所示受力图。

建立图示坐标系，列平衡方程：

$\Sigma X = 0$：$\quad X_A - F_2 \cdot \cos60° = 0$

$\Sigma M_A(F) = 0$：

$R_B \cdot 6 - F_1 \times 2 - F_2\cos30° \times 4 = 0$

$\Sigma M_B(F) = 0$

$Y_A \cdot 6 - F_1 \times 4 - F_2\cos30° \times 2 = 0$

解之得：

$X_A = 10\text{kN}$

$Y_A = 19.1\text{kN}$

$R_B = 18.2\text{kN}$

为了检查计算正确与否，可用 $\Sigma Y = 0$ 进行校核。

【例 3-21】 梁 AC 用三根链杆支承，尺寸及受力如图 3-61（a）所示。已知 $P_1 = 20\text{kN}$，$P_2 = 40\text{kN}$，试求每根链杆所受的力。

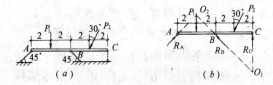

图 3-61

解： 考虑梁的平衡，作受力图如图 3-61（b）所示。假定链杆作用于梁的力如图所示，其相反方向的力就是链杆所受的力。

从受力图可以看出，如果首先用投影方程，则不论怎样选取投影轴，平衡方程中至少将包含有两个未知数。为了使平衡方程中的未知数最少，便于求解，首先取 R_B 与 R_C 的交点 O_1 为矩心，由 $\Sigma M_{O_1} = 0$ 可直接求得 R_A；再取 R_A 与 R_B 的交点 O_2 为矩心，由 $\Sigma M_{O_2} = 0$ 可直接求得 R_C，最后由 $\Sigma X = 0$ 或 $\Sigma Y = 0$ 求 R_B。

在列力矩方程时，要善于应用合力矩定理，将一个力分解成为两个分力，分别求其对于所选矩心的力矩，有时可以简化计算。

现在根据上面的分析进行计算，列平衡方程如下：

由 $\Sigma M_{O_1} = 0$，即 $P_1 \times 6 + P_2 \times 2 \times \cos30° + P_2 \times 4 \times \sin30° - 8 \times R_A \times \sin45° - 4 \times R_A\cos45° = 0$ 将 P_1、P_2 之值代入，解之得：

$$R_A = 31.8 \text{kN}$$

由 $\Sigma M_{0_2} = 0$，即 $6 \times R_C - 4 \times P_2 \times \cos 30°$

$-2 \times P_2 \times \sin 30° = 0$

解之得：$R_C = 29.8 \text{kN}$

由 $\Sigma X = 0$，即 $R_C \times \cos 45° - R_B \times \cos 45°$

$-P_2 \times \sin 30° = 0$

解之得： $R_B = 3.5 \text{kN}$

写出 $\Sigma Y = 0$ 可作为校核之用。或者，求出 R_A 之后，由 $\Sigma X = 0$ 求出 R_B，再由 $\Sigma Y = 0$ 求 R_C。

对于每一具体问题，究竟宜用力矩方程还是投影方程求解，应根据具体条件进行综合分析，总之以简捷、方便为原则。

3.7.4 平面一般力系的最终简化结果

平面一般力系向其作用平面内任一点简化，一般得到主矢 R' 及主矩 M_0，最终结果如何，现讨论如下：

(1) 主矢 $R' \neq 0$，$M_0 = 0$。则原力系可简化为一个合力，合力的大小及方向同原力系的主矢，作用点通过简化中心 O。也就是说原力系可简化为一作用点在简化中心的平面汇交力系，该汇交系的合力 R' 即为原力系的合力 R。

(2) 主矢 $R' = 0$，主矩 $M_0 \neq 0$。因主矢 R' 的大小与简化中心的位置无关，所以此种情况下，主矩的大小也与简化中心无关，也就是说，不论向哪一点简化，结果都是一个力偶。因此，原力系可简化为一平面力偶，其力偶矩等于原力系对简化中心的主矩。

(3) 主矢 $R' \neq 0$，$M_0 \neq 0$，如图 3-62 (a) 所示。但这并非最终简化结果。力偶矩为 M_0 的力偶用两个反向平行力（R，R''）来表示，且使 $R = R' = R''$，如图 (b) 所示。力 R' 与 R'' 相互平衡，所以原力系可合成一合力 R，如图 (c) 所示。合力的大小、方向与原力系的主矢 R' 相同，合力的作用线到简化中心的距离 d 为：

$$d = \frac{|M_0|}{R'}$$

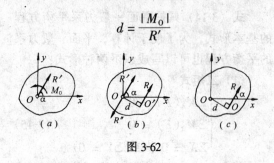

图 3-62

合力 R 在 O 点的哪一侧由 R 对 O 点的矩与 M_0 的转向相同来决定。

(4) 主矢 $R' = 0$，$M_0 = 0$。这种情况力系处于平衡状态，前面我们已讨论过。

通过以上分析可知，平面一般力系最终简化为一个力或一个力偶，而该力或力偶是由相应的平面汇交力系或力偶系合成的，因此可以说平面汇交力系和平面力偶系只是平面一般力系的特殊情况。

3.7.5 平面平行力系

各力的作用线都在同一平面内且相互平行的这种力系称为平面平行力系。

平面平行力系只是平面一般力系的特殊情况，它的平衡方程可由平面一般力系的平衡方程导出。

设有一平面平行力系如图 3-63 所示。

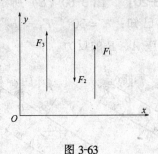

图 3-63

取 x 轴垂直于力的作用线，y 轴平行于力的作用线。无论该力系是否平衡，各力在 x 轴上的投影都恒等于零，即 $\Sigma X \equiv 0$。由式 (3-14) 可导出平面平行力系的平衡方程为：

$$\begin{cases} \Sigma Y = 0 \\ \Sigma M(F) = 0 \end{cases} \qquad (3\text{-}17)$$

这表明平面平行力系平衡的必要充分条

件是：力系中所有各力的代数和等于零以及各力对其作用平面内任一点的力矩代数和等于零。

同理，由平面一般力系的力矩式平衡方程（3-15）可导出平行力系平衡方程的另一种形式：

$$\begin{cases} \Sigma M_A(F) = 0 \\ \Sigma M_B(F) = 0 \end{cases} \quad (3\text{-}18)$$

式中 A、B 两点的连线不能与各力的作用线平行。

【例 3-22】 图 3-64（a）所示为一桥

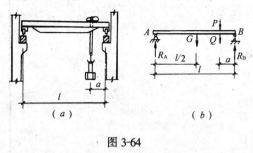

（a）　　　　　　（b）

图 3-64

式起重机（通称吊车）的示意图。大梁重 $G = 180\text{kN}$，小车重 $P = 40\text{kN}$，起重量 $Q = 200\text{kN}$，$l = 10\text{m}$。求当 $a = 2\text{m}$ 时轨道 A、B 处的支反力。假设小车是静止的，大梁所受的重力作用于大梁中点。

解：将轨道对于大梁约束简化为固定铰支座及可动支座。作大梁的受力图，见图 3-64（b）。由于所有主动力都是铅直的，所以铰 A 处的反力也是铅直的。于是，G、P、Q、R_A 及 R_B 组成一平衡的平行力系，由平面平行力系的平衡方程可以求解 R_A、R_B 两个未知数。

由 $\Sigma M_A = 0$ $\quad R_B \times l - G \times l/2 - (P + Q) \times (l - a) = 0$

即 $\quad 10R_B - 180 \times 5 - 240 \times 8 = 0$

解之得： $\quad R_B = 282\text{kN}$

再由 $\quad \Sigma Y = 0$ $\quad R_A + R_B - G - P - Q = 0$

将各已知值代入，解之得： $\quad R_A = 138\text{kN}$

小　　结

在工程实际中，平面一般力系的问题很多，有些虽然不是平面一般力系的问题，但可以近似简化为平面一般力系的问题。本节内容是用解析法研究平面一般力系的合成与平衡问题。

1. 力的平移定理表明，一个力在其作用平面内移动时，必须附加一个力偶才能与原力等效，附加力偶的力偶矩等于原力对新作用点之矩。力的平移定理是平面一般力系简化的依据。

2. 平面一般力系向其作用平面内任一点简化，其结果是一个主矢 R' 和一个主矩 M_0，主矢的大小及方向与简化中心的位置无关，而主矩则随简化中位置的不同而改变。

3. 平面一般力系平衡的充分必要条件是：$R' = 0$，$M_0 = 0$。其平衡方程为：

（1）基本形式

$$\begin{cases} \Sigma X = 0 \\ \Sigma Y = 0 \\ \Sigma M(F) = 0 \end{cases}$$

（2）二矩式

$$\begin{cases} \Sigma X = 0 \\ \Sigma M_A(F) = 0 \\ \Sigma M_B(F) = 0 \end{cases}$$

其中 x（y）轴不垂直于 A、B 两点的连线。

（3）三矩式

$$\begin{cases} \Sigma M_A(F) = 0 \\ \Sigma M_B(F) = 0 \\ \Sigma M_C(F) = 0 \end{cases}$$

其中 A、B、C 三点不共线。

4. 平面平行力系平衡的充分必要条件是：力系中各力的代数和及对其作用平面内的任一点的力矩代数和都为零。其平衡方程为：

（1）基本形式

$$\begin{cases} \Sigma Y = 0 \\ \Sigma M = 0 \end{cases}$$

（2）二矩形

$$\begin{cases} \Sigma M_A = 0 \\ \Sigma M_B = 0 \end{cases}$$

式中 A、B 两点的连线不能与力的作用线平行。

3.8 平面静定桁架及杆件的强度计算

3.8.1 结构的基本知识

建筑物中支承荷载而起骨架作用的部分称为结构。房屋建筑中由屋架、梁、板、柱、基础等所组成的体系，称为房屋结构。图 3-65 所示为一工业厂房示意图。

图 3-65

结构的类型是多种多样的，可以按不同的特征进行分类。

依照空间观点，结构可分为平面结构和空间结构。如果组成结构的所有构件的轴线都在同一平面内且荷载也作用于该平面内，则此结构称为平面结构，如图 3-66（a）所示。否则为空间结构，如图 3-66（b）所示。

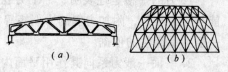

图 3-66

依照几何观点，结构可分为杆系结构、薄壁结构和实体结构。凡由长度远大于其横截面尺寸的杆件组成的结构称为杆系结构。如连续梁、桁架、框架等，如图 3-67 所示。薄壁结构是其厚度远小于其他两个方向尺寸的结构，如图 3-68 所示。实体结构则是指三个方向尺寸大小相仿的结构，如挡土墙、堤坝等，如图 3-69 所示。

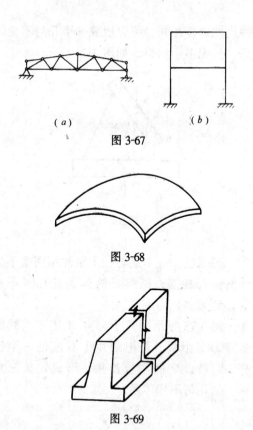

（a）　　　　　　（b）

图 3-67

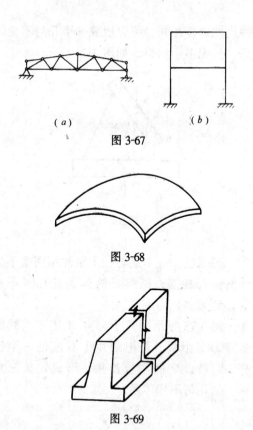

图 3-68

图 3-69

依据结构的计算特征，又可分为静定结构和超静定结构。

3.8.2　平面体系的几何组成分析

杆系结构是由若干杆件按一定方式相互联结所组成的，在荷载作用下，当不考虑材料变形时，能保持几何形状和位置不变的体系称为几何不变体系，如图 3-70（a）所示。另有一种体系，尽管只受到很小的荷载作用，也会引起体系的几何形状的改变，这类体系称为几何可变体系，如图 3-70（b）所示。几何可变体系是不能作为结构来使用的。

对体系的几何组成进行的分析称为几何组成分析。通过体系的几何组成分析，可判别某一体系是否几何可变，从而决定它能否作为结构使用。研究几何不变体系的组成规则，以保证所设计的结构能承受荷载并维持平衡，避免出现工程事故；同时还可根据体系的几何组成，确定结构是静定结构还是超

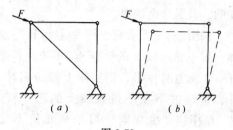

（a）　　　　　　（b）

图 3-70

静定结构，以选择不同的计算方法。

在对体系进行几何组成分析时，由于不考虑材料在荷载作用下的变形，因而组成体系的杆件或体系中可以肯定是几何不变的部分，都可称为刚体，平面刚体又称为刚片。

（1）几何不变体系的组成规则

规则一：三个刚片用三个铰两两相连，且三个铰不在同一直线上，则组成的体系是几何不变的，且无多余约束。

图 3-71 所示刚片 Ⅰ、Ⅱ、Ⅲ 之间用不在同一直线上的 A、B、C 三个铰两两相连。若将刚片 Ⅰ 固定不动，则刚片 Ⅱ 只能绕 A 点转动，其上的 C 点必然只能绕 A 点转动而沿图示的弧线① 运动；刚片 Ⅲ 上的 C 点只能绕 B 点转动而沿弧线② 运动。两弧线相交于一点，因 C 点的位置只能有一个，故知各刚片之间没有发生相对运动，这样组成的体系是几何不变的。由于该体系相当于用连杆 AB、AC、BC 组成的一个三角形，该三角形称为铰接三角形，它是组成几何不变体系的基本部分。

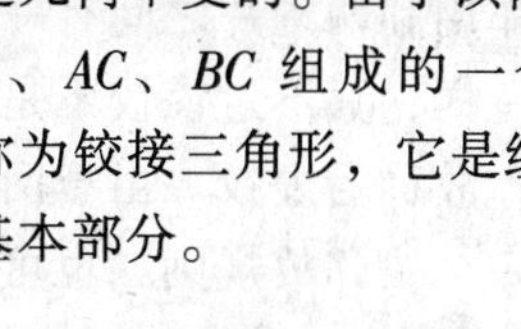

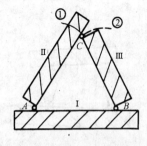

图 3-71

规则二：两刚片用一个铰和一根不通过此铰的链杆相连，则所组成的体系是几何不

变的，且无多余约束。

如图 3-72 所示两个刚片Ⅰ和Ⅱ用铰 B 和一根不通过铰 B 的链杆 AC 相连。若把链杆 AC 视为刚片Ⅲ，则实际上就是刚片Ⅰ、Ⅱ、Ⅲ通过不在一条直线上的三个铰 A、B、C 相连，由规则一可知是几何不变体系。

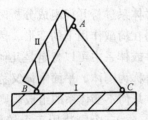

图 3-72

图 3-73 所示两刚片Ⅰ和Ⅱ用两根链杆 AB、CD 相连，假定刚片Ⅰ固定不动，则 A、C 两点亦被固定。当刚片Ⅱ运动时，由于链杆的约束作用，其上 B 点的运动方向与链杆 AB 垂直；D 点的运动方向与链杆 CD 杆垂直。因为 B、D 两点均在刚片Ⅱ上，故刚Ⅱ运动时可绕 AB、CD 两杆的延长线交点 O 转动。由此可以看出，两根链杆所起的约束作用和两刚片之间有一个铰所起的约束作用一样，只不过该铰不是两根链杆的实际交点，故称为虚铰。由于两根链杆的作用相当于一个铰，故规则二也可以表达为：

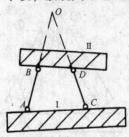

图 3-73

两刚片之间用三根不全平行也不全交于

一点的链杆相联，可以组成一个几何不变体系，且无多余约束，如图 3-74 所示。

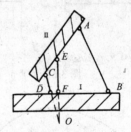

图 3-74

规则三：一个点与一个刚片用两根不共线的链杆相连，则组成的体系是几何不变的，且无多余约束。

图 3-75 所示刚片Ⅰ与点 A 用不共线的链杆①②相联，若把刚片Ⅰ看成是一个链杆，则彼此之间用铰连接，形成铰接三角形，是几何不变体系。

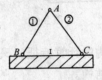

图 3-75

由两根不共线的链杆联结一个结点的构造称为二元体。如图 3-75 所示 BAC 部分，在一个几何不变体系上增加或拆除一个二元体，体系仍是几何不变的。

对体系进行几何组成分析的依据是前述三个几何不变体系的组成规则。只要灵活运用，便可对各种体系进行几何组成分析。分析时，可采用逐步扩大法，即先从能直接观察出的几何不变部分入手，应用体系的组成规则，逐步扩大到整个体系；也可用逐步排除法，即先拆除不影响体系几何不变性的部分（如二元体），使体系得到简化，然后用基本组成规则进行分析判断。

【例 3-23】 试对图 3-76 所示体系进行几何组成分析。

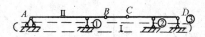

图 3-76

解： 把大地看成是刚片 Ⅰ，AB 杆看成是刚片 Ⅱ，二者之间用铰 A 和不通过铰 A 的链杆①相联，符合两刚片规则，是一几何不变体系；将刚片 Ⅰ、Ⅱ 看成是一扩大的刚片，扩大了的刚片与刚片 CD 之间用 BC、②、③ 三根链杆相联，这三根链杆既不全相互平行，也不汇交于一点，符合二刚片规则，是几何不变体系，且无多余约束。

【例 3-24】 试对图 3-77 所示体系进行几何组成分析。

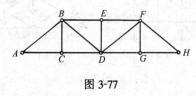

图 3-77

解： 假设体系的 ABFG 部分是几何不变的，因 FHG 是二元体，故可拆除。然后依次拆除二元体 DGF、EFD、BED、BDC，最后剩下铰接三角形 ABC，因铰接三角形是几何不变的，故体系为几何不变体系，无多余约束。

【例 3-25】 试对图 3-78 所示体系进行几何组成分析。

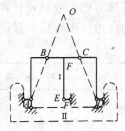

图 3-78

解： 将 T 形杆 BCE 和大地分别看作刚片 Ⅰ、Ⅱ。折杆 AB 也是一个刚片，由于它只用两个铰 A、B 分别与刚片 Ⅱ 和刚片 Ⅰ 相联，其约束作用与通过 A、B 两铰的一根链杆完全等效，如图示虚线 AB 所示，因此可用链杆 AB 代替折杆 AB；同理可用虚线所示的链杆 CD 代替折杆 CD。刚片 Ⅰ、Ⅱ 之间用三根链杆 AB、CD 和 EF 相联，这三杆链杆既不相互平行，也不完全相交于一点，故是几何不变体系且无多余约束。

3.8.3 平面静定桁架

桁架是由若干直杆在杆端用铰按一定方式联结而成的几何不变体系，若组成桁架的各杆均在同一平面内，则此桁架称为平面桁架，否则称为空间桁架。桁架是实际工程应用较广泛的一种结构形式，特别是大跨度结构，图 3-66（a）为建筑工程中常用钢筋混凝土屋架。

桁架的实际受力比较复杂，在分析计算桁架时，通常作如下假设：

①联结杆件的各结点都是无摩擦的理想铰。

②各杆的轴线绝对平直且都在同一平面内并通过铰结中心。

③荷载及支座反力都作用于结点上，并位于桁架平面内。

④杆件自重不计。

根据上述假设作出桁架计算简图，各杆均用轴线表示，结点用代表铰的小圆圈表示，这样的桁架称为理想桁架，如图 3-79 所示。显然，组成理想桁架的每一杆件都是二力杆，杆件只承受沿轴线方向的拉力或压力。

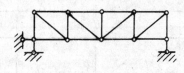

图 3-79

（1）结点法求桁架杆件的内力

桁架在结点荷载及支座反力作用下处于平衡状态，因而桁架中每个结点必然处于平衡状态。首先考虑桁架的整体平衡，求出支座反力，使全部外力已知，其次用假想的截面截取桁架某一结点作为研究对象，建立静力平衡方程，求出桁架各杆的内力。内力是杆件在外力作用下由于杆件变形而引起的杆件内部一部分对另一部分的附加作用力。

由于桁架各杆均为二力杆，杆件的内力一定和杆件的轴线重合，各杆件的轴线都汇交于结点处，因而作用于结点上的各力组成一平面汇交力系。根据平面汇交力系的平衡方程：$\Sigma X = 0$ 和 $\Sigma Y = 0$，就可求出桁架各杆件的内力。

在计算过程中，通常规定杆件内力拉为正、压为负。求杆件内力时，先假设杆件的内力为拉力，计算结果如为正值，表示为拉力，如得负值，则为压力。

平面汇交力系的平衡方程只有两个，只能求解两个未知数，因此计算时，必须按一定的顺序进行，使每个结点的未知力不超过两个，这是用结点法求桁架内力的基本要求。

在桁架中常有些特殊情况的结点，在用结点法计算桁架杆件内力时，利用这些结点的特殊性，可直接判定出杆件的内力，使计算得到简化。兹举例如下：

1）结点仅有不在同一直线上的两杆而无外力作用时，则两杆的内力均为零，图3-80（a）所示，凡内力为零的杆称为零杆。

2）三杆结点无外力作用时，当其两杆共线时，则第三杆的内力为零，其余两杆的内力相等，如图3-80（b）所示。

3）不在同一直线上的两杆组成的结点，

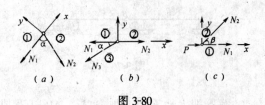

图3-80

当结点上作用有外力且与其中一杆件轴线共线时，此杆的内力与外力相等，而另一杆内力为零杆，如图3-80（c）所示。

以上情况用力系的平衡条件很容易证明。

【例3-26】 试求图3-81（a）所示三角形桁架中各杆的内力。

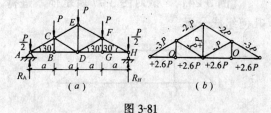

图3-81

解：1）求支座反力

因为所有的荷载 P 及 H 点的约束反力 R_H 都是铅直的，故 A 支座的约束反力必也是铅直方向，如图3-81（a）所示。

考虑整个桁架的平衡，由平面平行力系的平衡条件可得：

$$R_A = R_H = 2P$$

2）由于桁架结构及荷载均对称于 DE 杆，内力必然对称，故只须计算右边（或左边）各杆的内力，现将计算过程及结果列表如下：

结点	受力图	平衡方程 （$\Sigma X = 0,\ \Sigma Y = 0$）	杆件内力
H		$-N_{HG} - N_{HF}\cos 30° = 0$ $R_H - \dfrac{P}{2} + N_{HF}\sin 30° = 0$	$N_{HF} = -3P$ $N_{HG} = +2.6P$
G		$N'_{HG} - N_{GD} = 0$ $N_{GF} = 0$	$N_{GD} = +2.6P$ $N_{GF} = 0$

结点	受力图	平衡方程 ($\Sigma X = 0$, $\Sigma Y = 0$)	杆件内力
F		$N'_{HF} - N_{FE} - N_{FD}\sin30°$ $+ N'_{GF}\sin30°$ $+ P\sin30° = 0$ $- N_{FD}\cos30° - N'_{GF}\cos30°$ $- P\cos30° = 0$	$N_{FD} = -P$ $N_{FE} = -2P$
E		$N'_{FE}\cos30° - N_{EC}\cos30° = 0$ $- P - N_{ED} - N'_{FE}\sin30°$ $- N_{EC}\sin30° = 0$	$N_{EC} = N'_{FE} = -2P$ $N_{ED} = +P$

在实际工程中，为了清楚起见，通常将计算结果用图3-81（b）的形式表示出来。

在桁架内力计算时，未知轴力通常假定为拉力，若根据某一结点的平衡计算出的轴力值为负，在计算该杆另一结点时，须将轴力值连同符号一起代入平衡方程。

（2）截面法求桁架杆件的内力

用结点法可出求桁架各杆的内力，当我们只需求桁架中某些指定杆的内力时，再使用结点法来计算，显然很不方便，因而我们采用桁架内力计算的另一种方法——截面法。所谓截面法就是用假想一截面，通过需求内力的杆件将桁架分为两部分，取其中之一作为脱离体，绘出受力图，再根据静力平衡方程求出杆件的未知力。通常情况下，作用于脱离体上的力属于平面一般力系，可列出三个独立的平衡方程，求出三个未知数。截面法要求作用于研究对象上的未知力不能超过三个，且这三个力不能汇交于一点，否则无法求解。以下通过例题说明应用截面法求解桁架杆件内力的步骤。

【例3-27】 用截面法试求图3-82（a）所示桁架中指定杆1、2、3的内力。

解：1）求支座反力

以整个桁架为研究对象，考虑其平衡：

$a. \Sigma M_A(F) = 0$

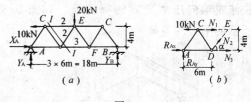

图 3-82

即：$10 \times 4 + 18 \times Y_B - 20 \times 9 = 0$

得 $Y_B = 7.78kN$

$b. \Sigma Y = 0$

即：$Y_A + Y_B - 20 = 0$

得 $Y_A = 12.22kN$

$c. \Sigma X = 0$

即：$X_A - 10 = 0$

得 $X_A = 10kN$

2）用假想的截面 Ⅰ-Ⅰ 把杆1、2、3截断，使桁架分为左右两部分，取左半部分为研究对象，如图3-82（b）所示，考虑其平衡：

$a. \Sigma M_D(F) = 0$

即：$4N_1 + Y_A \times 6 - 10 \times 4 = 0$

得 $N_1 = -8.33kN$

$b. \Sigma M_E(F) = 0$

即：$4N_3 - 9Y_A + 4X_A = 0$

得 $N_3 = 17.50kN$

$c. \Sigma Y = 0$

65

即：$Y_A + N_2 \times \sin\alpha = 0$

得 $N_2 = -15.28\text{kN}$

杆1、2的轴力值为负，表示受压；杆3轴力为正，表示受拉。

截面法比结点法的应用广泛、灵活。当要求杆件未知力的数量较多或杆件较分散时，可分几次截取，分次求得。在列平衡方程式时，可用投影式，也可用力矩式，根据具体条件而定，尽量用一个独立方程求解一个未知量。

3.8.4 轴向拉（压）杆的强度条件

在实际工程中，我们经常遇到承受轴向拉伸或轴向压缩变形的等直杆。如图3-83所示的桁架的各杆。

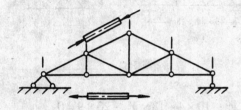

图 3-83

图3-84（a）所示表示一支架结构，由横杆 AB 和斜杆 BC 组成，在 B 点受集中力 P 的作用。设杆端的连接都是理想的铰，杆的自重不计，由静力平衡可知，在外力 P 作用下，杆 AB 的受力情况如图3-84（b）所示。在它们的两端沿杆件的轴线作用有一对大小相等、方向相反的两个力。拉力使杆 AB 产生轴向拉伸变形，我们称这类杆为轴向受拉杆，简称为拉杆；压力使杆 CB 产生轴向压缩变形，称之为轴向受压杆，简称为压杆。

（1）轴向拉（压）杆的内力计算

1）内力

由物理学可知，任何固体物质任意相邻的两分子之间存在着引力和斥力，这两种力的大小与分子之间的距离有关。当其距离为一定值时，这两种力互相平衡，故能保持物

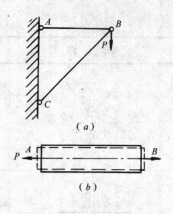

图 3-84

体的形状。这种物体本身各分子间存在的相互作用力，在物理学中称为分子结合力。

当物体受到一定外力作用时，会改变物体相邻分子之间的距离，从而引起它们之间引力和斥力的改变，使它们之间呈现出引力或斥力。这种因固体受外力作用而引起的分子结合力的改变量称为内力。为了和真实的分子结合力相区别，有时也称为附加内力。

2）内力的计算方法——截面法

设有一拉杆如图3-85（a）所示，在两外力 P 作用下处于平衡状态。为了确定杆件的内力，设想用一截面 m-m 将杆分成左右两段。右段对左段的作用力用 N 表示，如图-85（b）所示。现取左段来研究，因原来杆件处于平衡状态，故左段也处于平衡状态，由静力平衡条件：

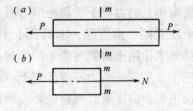

图 3-85

$\Sigma X = 0 \qquad N - P = 0$

故 $N = P$

同样可取右段作为研究对象，则可求得 $N' = P$。N 与 N' 实际上是一对作用力与反

作用力，其大小相等、方向相反。因内力的作用线与杆件的轴线重合，故称为轴力。

轴力的单位，在国际单位制中是牛顿（N）或千牛顿（kN）；在工程单位制中是公斤力（kg·f）或吨力（t·f）。

通常规定：轴力为拉力时取正值；压力时取负值。

上述计算杆件内力的方法是力学中最常用的基本方法，称为截面法。

【例3-28】 一直杆受外力作用，如图3-86（a）所示，试求指定截面1-1、2-2、3-3的轴力。

解：a. 在AB段内，用假想的截面1-1把杆件截断，取左段为脱离体，图3-86（b）所示。并把右段对左段的作用力用N_1表示，同时假定为拉力。以杆轴为x轴，由静力平衡条件：

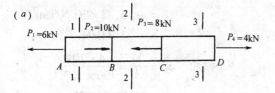

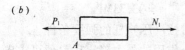

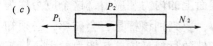

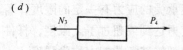

图3-86

$$\Sigma X = 0 \qquad N_1 - 6 = 0$$

得：$N_1 = 6\text{kN}$

N_1的数值是正号，为拉力，说明假设的轴力方向与实际轴力情况相符合。

b. 在2-2截面处假想把杆截断，并取

左段为脱离体，截面上的轴力用N_2表示，并假定为拉力，如图3-86（c）所示，由左段平衡条件得：

$$\Sigma X = 0 \qquad N_2 + 10 - 6 = 0$$

得：$N_2 = -4\text{kN}$

轴力符号为负，说明假定方向与实际受力方向不一致，为压力。

c. 用类似步骤可得〔图3-89（d）所示〕：

$$\Sigma X = 0 \qquad N_3 - 4 = 0$$

得$N_3 = 4\text{kN}$

必须指出，在应用截面法求轴力时，一般假设所求截面的轴力为拉力，然后由静力平衡条件求出轴力，若结果为正，表明该截面受拉，否则受压。

（2）轴向拉（压）杆横截面应力

1）应力

通过以上分析、计算可知，杆件的内力只与作用在杆件上的外力有关，与杆件的截面尺寸、形状及所用材料无关。实践证明，杆件抵抗破坏的能力与其截面尺寸、形状及所用材料有着密不可分的关系。例如用同一材料制成的直杆，一粗一细，在相同的外力作用下，细杆比粗杆先拉断。为什么呢？因为在相同的轴力作用下，杆件截面单位面积上分摊的内力不同。截面面积小，单位面积分摊的内力就大；截面面积大，单位面积分摊的内力就小。

通常将单位面积上的内力称为应力。它反映了内力在截面面积上分布的密集程度，用σ表示。

应力的单位是帕斯卡（Pa）或兆帕（MPa）。

2）应力计算

应力计算公式是通过实验分析而建立的。为了找出内力在杆横截面上的分布规律，可取一等直杆做拉伸实验。为了便于观察，先在杆的表面上画出一些代表横截面的

横线 ab 和 cd 以及平行于杆轴线的平行线 ef 和 gh，如图 3-87（a）所示。然后在杆件的两端施加轴向拉力 P，使杆件产生拉伸变形。可以观察到代表横截面的线 ab、cd 沿轴向分别平移到 $a'b'$ 和 $c'd'$ 所示位置，但仍然为直线；纵向线 ef、gh 分别移到了 $e'f'$、$g'h'$ 所示位置，如图 3-87（a）虚线所示，但仍保持与轴线平行。

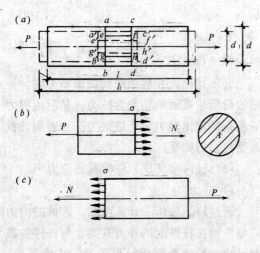

图 3-87

根据实验所看到的现象，可以推断出杆件内部变形和外部变形是相同的；横截面在变形以后仍保持为平面，且与杆轴垂直。通常，我们把这个假设称为平截面假定。

由平截面假定可知，当杆受拉时，所有的纵向线都均匀地伸长，即横截面上各点的变形都相同，则其受力也相同，因而可以得出在杆横截面上的内力也一定均匀分布，即在横截面上的各点的应力是相同的，如图 3-87（b）、（c）所示。用 A 表示杆件的横截面面积，N 表示轴力，则：

$$\sigma = \frac{N}{A} \tag{3-19a}$$

这就是轴向受力时杆件截面上的应力计算公式。因 $N = P$，故上式可写为：

$$\sigma = \frac{P}{A} \tag{3-19b}$$

这种垂直于横截面的应力称为正应力。

前面规定过轴力的正负号，在计算应力时，可连同正负号一同代入公式，正号表示为拉应力；负号表示为压应力。

【例 3-29】 试计算【例 3-28】中各指定截面上的应力。设杆件的截面面积 $A = 120\text{mm}^2$。

解：a. 计算各指定截面的轴力

由【例 3-28】可知：$N_1 = 6\text{kN}$，$N_2 = -4\text{kN}$，$N_3 = 4\text{kN}$

b. 计算截面应力

将各截面轴力及截面积代入公式（3-19a）可得：

1-1 截面　$\sigma_1 = \dfrac{N_1}{A} = \dfrac{6 \times 10^3}{120 \times 10^{-6}}$
$= 50 \times 10^6 \text{N/mm}^2 = 50\text{MPa}$

2-2 截面　$\sigma_2 = \dfrac{N_2}{A} = \dfrac{-4 \times 10^3}{120 \times 10^{-6}}$
$= -33.33 \times 10^6 \text{N/mm}^2$
$= -33.33\text{MPa}$

3-3 截面　$\sigma_3 = \dfrac{N_3}{A} = \dfrac{4 \times 10^3}{120 \times 10^{-6}}$
$= 33.33 \times 10^6 \text{N/mm}^2$
$= 33.33\text{MPa}$

（3）轴向拉（压）杆的强度条件

当杆件上作用的外力确定后，便可求出杆件横截面上的内力和应力，这个应力称为工作应力，要判别该杆是否会破坏，必须知道制成杆件的材料抵抗破坏能力的大小。不同的材料所能承受的应力有一定的限度，若杆件的工作应力达到或超过了此限度，杆件便破坏。构件抵抗破坏的能力称为强度。

不同的材料抵抗破坏的能力不同，为了保证杆件能正常工作，必须规定一个应力值作为衡量材料强度的依据，该应力称为容许应力，用 $[\sigma]$ 表示。

在实际工程中，作用在拉（压）杆上的外力一般由杆的使用条件确定，根据杆件所受的外力可求得杆内最大轴力 $N_{\max}$，用式

（3-19a）可求出杆内的最大工作应力：

$$\sigma_{max} = \frac{N_{max}}{A} \qquad (3-20)$$

通常把最大轴力所在的截面称为危险截面，其上的应力称为杆的最大工作应力。

为了保证杆件的正常工作，不致破坏，必须使其最大的工作应力不超过材料的容许应力 $[\sigma]$，即：

$$|\sigma_{max}| \leqslant [\sigma] \ 或 \ \frac{|N_{max}|}{A} \leqslant [\sigma] \quad (3-21)$$

这就是等截面拉（压）杆的强度条件。

式中 σ_{max}——杆件截面上的最大工作应力；

       N_{max}——杆件截面上的最大轴力；

       A——杆件的截面面积；

       $[\sigma]$——材料的容许应力，可在有关规范和手册中查到。

表 3-1 列出了几种常用材料的容许应力值。

常用材料的容许应力   表 3-1

材料名称	容许应力（MPa）	
	轴向拉伸	轴向压缩
A3 钢	170	170
16Mn 钢	230	230
灰口铸铁	34 ~ 54	160 ~ 200
C_{20} 混凝土	0.44	7
C_{30} 混凝土	0.6	10.3
红松（顺纹）	6.4	10

根据工程实际情况的不同，应用强度条件可进行以下三个方面的计算。

1）校核杆件的强度

在已知杆件的材料、尺寸及轴力的情况下，用式（3-21）可校核其强度是否满足要求，即：

$$|\sigma_{max}| = \frac{|N_{max}|}{A} \leqslant [\sigma]$$

若满足，表示杆件的强度足够，能正常工作，否则要加大杆的截面面积或减小其外载。

2）选择杆件的截面尺寸

根据荷载算出杆的轴力和确定杆件的材料以后，根据强度条件即可求出所需的横截面面积 A，此时式（3-21）应改写为：

$$A \geqslant \frac{|N_{max}|}{[\sigma]}$$

根据计算出来的 A 值确定截面的形状和尺寸时，也容许采用实际 A 值稍小于其计算值，但计算应力不能超过容许应力 $[\sigma]$ 的 5%。

3）确定杆件的容许荷载

若已知杆件的截面尺寸和所用的材料，则可由式（3-21）确定此杆所能容许的最大的轴力，从而计算出容许承担的最大荷载。此式时式（3-21）改写为：

$$|N_{max}| \leqslant A \times [\sigma]$$

【例 3-30】   有一根由 A3 钢制成的拉杆，已知 A3 钢的容许应力 $[\sigma] = 170MPa$，杆的横截面为圆形，$d = 14mm$。若杆所受的轴向拉力 $P = 25kN$，试校核杆的强度。

解：杆中轴力 $N_{max} = 25kN$

杆的横截面面积：$A = \frac{\pi d^2}{4} = 154mm^2$

A3 钢的容许应力 $[\sigma] = 170MPa$

将以上数据代入公式（3-21）可得：

$$\sigma_{max} = \frac{N_{max}}{A} = \frac{P}{A} = \frac{25 \times 10^3}{154 \times 10^{-6}}$$

$$= 162.34MPa < [\sigma]$$

满足强度要求。

【例 3-31】   如图 3-88（a）所示，一桅杆起重机，其杆 BC 由钢丝绳 AB 拉住，已知钢丝绳直径 $D = 24mm$，容许拉应力为 $[\sigma] = 40MPa$，试问该起重机最大能起吊多重的重物。

解：1）计算钢丝绳 AB 所能承受的最大轴力

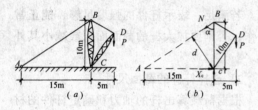

图 3-88

轴力用假想的截面将钢丝绳 *AB* 截断，取研究对象如图 3-88（*b*）所示，由式（3-21）得：

$$N = A \cdot [\sigma] = \frac{3.14 \times (24 \times 10^{-3})}{4} \times 40 \times 10^6$$

$$= 18\text{kN}$$

2）求起重机的容许荷载

$$\tan a = \frac{AC}{BC} = \frac{15}{10} = 1.5$$

$$\alpha = 56.3°$$

对 *C* 点取矩，列平衡方程：$\Sigma M_C = 0$

即：$N \times d - P \times 5 = 0$

得 $P = \frac{N \cdot d}{5} = \frac{18 \times 10^3 \times 10 \times \sin\alpha}{5}$

$$= 29.95\text{kN}$$

3.8.5 受弯杆件

在日常生活和工程实际中，有些杆件受力后，其轴线由直线弯成了曲线，这种变形称为弯曲变形，发生弯曲变形的杆件，在工程上称为梁。如图 3-89（*a*）所示，两人用一直杆抬重物，直杆在重物重力的作用下，杆的轴线由直线变成了曲线，杆发生弯曲变形；在楼面荷载作用下，图 3-89（*b*）所示的梁，也发生了这种弯曲变形。

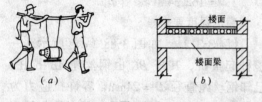

图 3-89

在建筑工程中，大部分梁的截面都具有竖向对称轴，如矩形、圆形、T形、工字形

等。由截面的竖向对称轴和杆件的轴线所组成的平面称为梁的纵向对称平面。若梁上的外力都作用在这个平面内，则梁发生变形后，弯曲后的轴线一定仍在这个纵向对称平面内，这种弯曲称为平面弯曲。以下所说的弯曲就是指平面弯曲。

（1）梁的弯曲内力——剪力、弯矩

梁在外力作用下，产生弯曲变形，因而必然有内力的存在，为了对梁进行强度计算，必须了解梁在外力作用下各截面的内力。内力计算方法仍为截面法。现以悬臂梁为例，说明梁内力的计算方法。

图 3-90（*a*）所示为一悬臂梁 *AB*，试求其任一截面 *m-m* 上的内力。

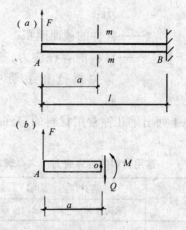

图 3-90

首先用假想的截面 *m-m*，把梁截开，分成左右两部分，取左段为研究对象。因为整个梁处于平衡状态，截开后，其左段必然处于平衡状态。在 *A* 点作用力 *F* 的作用下，左段有向上运动和绕截面 *m-m* 的形心 *O* 点沿顺时针方向转动的趋势。为了保持该段的平衡，在截面 *m-m* 处必有一个与 *F* 大小相等、方向相反的力与之平衡，这个力称为剪力，用 *Q* 表示；同时，在截面 *m-m* 的形心处，必有一力偶来平衡力 *F* 对 *O* 点的矩，这个力偶称为弯矩，用 *M* 来表示。假设截面 *m-m* 距 *A* 点的距离为 *a*，则 $M = F \cdot a$，

弯矩的转向与力 F 对 O 点的矩的转向相反。

通过以上分析，可知梁的内力由剪力和弯矩组成，其规律是：梁任一截面的剪力，在数值上等于这个截面以左（或以右）部分各外力的代数和；任一截面上的弯矩，在数值上等于这个截面以左（或以右）部分各外力对该截面形心力矩的代数和。

(2) 梁的内力图

为了使梁的受力状况比较明确、直观，我们将梁内力沿梁截面的变化规律用图形表示出来，这种图形称为内力图。表示剪力沿梁截面变化规律的图形，称为剪力图；表示弯矩沿梁截面变化规律的图形，称为弯矩图。

在外力作用下，梁的内力图是内力函数的图像，若以坐标轴 x 表示梁的截面位置，则梁上各截面的内力均可表示为 x 的函数。即：

$$Q = Q(X), M = M(x)$$

以上二式，分别称为梁的剪力方程和弯矩方程。在列方程时，首先要建立坐标轴 x，一般以梁的左端为坐标原点，然后根据平衡条件列平衡方程。

现以图 3-91（a）所示的简支梁为例，说明内力图的画法。

1）由静力平衡条件可求得：

$$Y_A = Y_B = 25\text{kN}$$

2）作剪力图

在 AC 段　$Q(x) = Y_A = 25\text{kN}$

在 CB 段　$Q(x) = Y_A - F = -25\text{kN}$

由此可知，在此两段内，剪力 $Q(x)$ 为常数，据此可作出剪力图如图 3-91（b）所示。

3）作弯矩图

在 AC 段　$M(x) = Y_A \cdot x = 25x$

在 CB 段　$M(x) = Y_A x - F \times$

$\left(x - \dfrac{l}{2}\right) = 25x - 50 \times \left(x - \dfrac{4}{2}\right) = -25x + 100$

由上述弯矩方程可知，AC、CB 段的弯

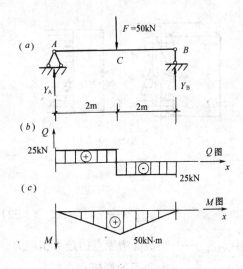

图 3-91

矩都是 x 的一次函数，故各为一斜线。

当 $x = 0$ 时，$M = 25 \times 0 = 0$

当 $x = 2$ 时，$M = 25 \times 2 = 50\text{kN·m}$

当 $x = 4$ 时，$M = -25 \times 4 + 100 = 0$

按照上面的计算即可绘出图 3-91（c）所示的弯矩图。

(3) 梁的正应力

前面讨论了梁的内力计算及内力图的绘制，根据内力图，可判断出一根梁任一截面的内力并可很方便、直观地确定最大内力值及所在的截面位置。为了对梁进行强度计算，仅知道最大内力值是不够的，还必须找出应力在截面上的分布规律及截面上最大应力的计算公式。

由实验可知，矩形截面的梁，其截面上的正应力 σ 沿梁截面高度呈直线变化，离中性轴愈远，正应力愈大；离中性轴愈近，正应力愈小；在中性轴处，正应力为零。在受弯构件中，正应力为零的点所组成的平面与梁的横截面的交线称为中性轴。中性轴将梁截面分成上下两部分，一部分受压，另一部分受拉。梁的正应力沿截面的分布规律见图 3-92。梁截面的最大正应力计算公式如下：

71

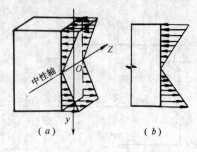

图 3-92

$$\sigma_{max} = \frac{M}{W_z} \qquad (3\text{-}22)$$

式中 σ_{max} ——梁截面边缘点的最大正应力。

M ——梁截面的弯矩。

W_z ——梁的抗弯截面模量。它与截面的形状、尺寸有关，反映了截面形状及尺寸对弯曲强度的影响，单位是立方米（m^3）或立方毫米（mm^3）。

矩形截面：$W_z = \dfrac{bh^2}{6}$（$b \times h = $ 宽×高）

圆形截面：$W_z = \dfrac{\pi d^3}{32}$（$d$——圆的直径）。

(4) 梁的正应力强度条件

在进行强度计算时，需要找出梁的最大弯矩值 M_{max} 及其所在的截面位置，这个截面称为危险截面；在危险截面上，截面最外边缘处各点的正应力最大，这个点称为危险点。危险截面上危险点的正应力计算公式为：

$$\sigma_{max} = \frac{M_{max}}{W_z}$$

根据强度要求，梁内的最大工作应力 σ_{max} 不能超过材料的弯曲容许应力 $[\sigma]$，即：

$$\sigma_{max} = \frac{M_{max}}{W_z} \leqslant [\sigma] \qquad (3\text{-}23)$$

上式即为梁的正应力强度条件。

强度条件可解决以下三类问题：

1）强度校核：已知梁的材料和截面形状、尺寸以及承受的荷载，校核梁的强度。

$$\sigma_{max} = \frac{M_{max}}{W_z} \leqslant [\sigma]$$

2）选择截面：已知荷载和所用材料，计算所需的抗弯截面模量，据此确定梁的截面尺寸。

$$W_z \geqslant \frac{M_{max}}{[\sigma]}$$

3）确定容许荷载：已知梁所用的材料、截面尺寸，计算梁所能承受的最大弯矩值。

$$M_{max} \leqslant W_z \cdot [\sigma]$$

然后由 M_{max} 与荷载之间的关系，确定容许荷载值。

【例 3-32】 一型钢梁所受的最大弯矩值为 $M_{max} = 25.2\text{kN·m}$，若截面的抗弯模量为 $W_z = 185\text{cm}^3$，材料的容许应力为 $[\sigma] = 140\text{MPa}$，试校核该梁的强度。

解：由式（3-23）得：

$$\sigma_{max} = \frac{M_{max}}{W_z} = \frac{25.2 \times 10^3}{185 \times 10^{-6}}$$

$$= 136.21\text{MPa} < [\sigma]$$

满足正应力强度条件。

【例 3-33】 一矩形截面梁所承受的最大弯矩值 $M_{max} = 11.25\text{kN·m}$，材料的容许应力 $[\sigma] = 10\text{MPa}$。假定截面的高宽比是2:1，试确定梁的截面尺寸。

解：由式（3-23）可知，梁截面所需最小抗弯截面模量为：

$$W_z = \frac{M_{max}}{[\sigma]} = \frac{11.25 \times 10^3}{10 \times 10^6}$$

$$= 1.125 \times 10^6 \text{mm}^3$$

因截面的高宽比是2:1，所以：

$$W_z = \frac{bh^2}{6} = \frac{b \times (2b)^2}{6} = \frac{2}{3}b^3$$

得：$b^3 = \dfrac{3}{2} \times 1.125 \times 10^6$

$$b = 119\text{mm}$$

取 $b = 120\text{mm}$，则 $h = 240\text{mm}$。

梁的截面尺寸为 120mm × 240mm。

小　结

1.结构是建筑物中承受荷载而起骨架作用的部分。

2.平面杆件体系分为:

几何可变体系(不能用于建筑工程)

几何不变体系(可用于建筑工程) $\begin{cases} 无多余约束(静定) \\ 有多余约束(超静定) \end{cases}$

3.几何不变体系的组成规则。

基本原理:铰接三角形是几何不变的。

组成规则:

规则一　用三个不共线的铰连结三个刚片

规则二　用一个铰和一个不过此铰的链杆连结两个刚片或者用三个既不相交于一点也不完全平行的三个链杆链结两个刚片。

规则三　用不共线的两根链杆链结一个点。

4.桁架是由若干直杆在杆端用铰按一定的方式联结而成的几何不变体系,我们在此所说的桁架均为理想桁架,桁架中的杆均为二力杆,桁架杆的内力计算可用结点法或截面法。

5.杆件在外力作用下而引起的分子结合力的改变量称为内力,轴向受拉(压)杆件的内力也称为轴力;轴力符号:拉正压负;计算方法采用截面法。

6.单位面积上的内力称为应力,计算公式:

$$\sigma = \frac{N}{A}$$

7.构件抵抗破坏的能力称为强度,轴向拉(压)杆的强度条件为:

$$|\sigma_{max}| = \frac{|N_{max}|}{A} \leqslant [\sigma]$$

强度条件有以下三个方面的应用:

(1)强度校核:已知杆件所受的外力,截面面积及所用材料。

$$|\sigma_{max}| = \frac{|N_{max}|}{A} \leqslant [\sigma]$$

(2)截面选择:已知杆件所受的外力及所用的材料,强度条件改写为:

$$A \geqslant \frac{|N_{max}|}{[\sigma]}$$

(3)确定容许荷载:已知杆件的截面尺寸、所用材料,强度条件改写为:

$$|N_{max}| \leqslant A \times [\sigma]$$

8.受弯构件的内力为剪力 Q、弯矩 M,计算方法——截面法,表示内力沿梁截面位置变化规律的图像称为内力图。

9.梁截面的最大正应力的计算公式为:

$$\sigma_{max} = \frac{M}{W_z}$$

10. 梁的正应力强度条件为：

$$\sigma_{max} = \frac{M_{max}}{W_z} \leqslant [\sigma]$$

它有以下三方面的应用：

（1）强度校核：已知梁的材料、截面形状和尺寸以及所承受的荷载。

$$\sigma_{max} = \frac{M_{max}}{W_z} \leqslant [\sigma]$$

（2）截面选择：已知梁所承受的荷载及所用材料，确定梁的截面。

$$W_z \geqslant \frac{M_{max}}{[\sigma]}$$

（3）确定容许荷载：已知梁的材料、截面形状及尺寸，计算梁所能承受的最大荷载值。

$$M_{max} \leqslant W_z [\sigma]$$

习题

1. 作下列物体的受力图（图 3-93）。

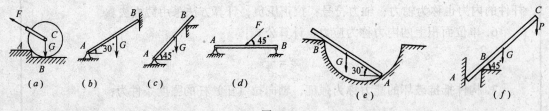

图 3-93

2. 作下列物体的受力图（图 3-94）。

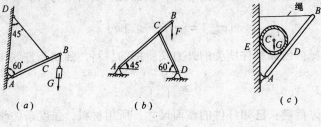

图 3-94

3. 三铰门式刚架受水平力 P 作用（图 3-95），不考虑架重，分别画出其左半分部 AB 和右半部 BC 及整个刚架的受力图。

4. 两跨连续梁受外力 F_1、F_2 的作用（图 3-96），试分别画出 AB、BC 部分及整个梁的受力图。

5. 在物体 A 点受到四个共面的力作用，大小、方向如图 3-97 所示。用几何法求其合力。

6. 球体重 $G = 40kN$，放在墙和杆之间（图 3-98），试用几何法求墙和杆件对球体的反力。

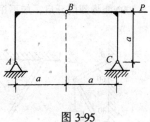

图 3-95

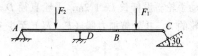

图 3-96

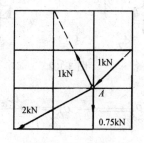

图 3-97

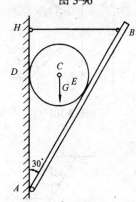

图 3-98

7. 起重机支架的杆 AB、AC 用铰链支承在可旋转的立柱上，并在 A 点用铰链互相连接，由铰车 D 水平引出刚索绕过滑轮 A 起吊重物（图 3-99）。设重物 G = 20kN，各杆和滑轮的自重及大小都不计。用几何法求杆 AB 所受的力。

8. 一三角形支架如图 3-100 所示，A、B、C 三处都是铰连接，在 D 处支承一管道。设管道重 G = 2.5kN，试用几何法求 A 支座的支反力及 BC 杆所受的力。

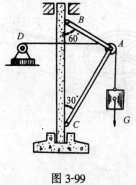

图 3-99

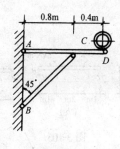

图 3-100

9. 已知 $F_1 = 100$N，$F_2 = 50$N，$F_3 = 60$N，$F_4 = 80$N，各力方向如图 3-101 所示。试分别求出各力在 x 轴和 y 轴上的投影。

10. 用解析法计算题 4。

11. 用解析法计算题 5。

12. 支架由杆 AB、AC 构成，A、B、C 三处都是铰链，在 A 点悬挂重量为 G 的重物，求图 3-102 三种情况下，杆 AB、AC 所受的力。杆的自重不计。

13. 如图 3-103 所示用一组绳索挂一重 G = 1kN 的重物，求出各绳的拉力。

14. 计算下列各图中力 F 对 O 点的矩（图 3-104）。

15. 求图 3-105 所示各梁的支座反力。

16. 如图 3-106 所示，工人启闭闸门时，为了省力，常将一根杆子穿入手轮中，并在杆的一端 C 加力，以转动手轮。设杆长 $l = 1.2$m，手轮直径 $D = 0.6$m。在 C 端加力 $F = 100$N能将闸门开启，如不用杆子而直接在手轮的 A、B 处施加力偶（F、F'）至少多大才能开启闸门？

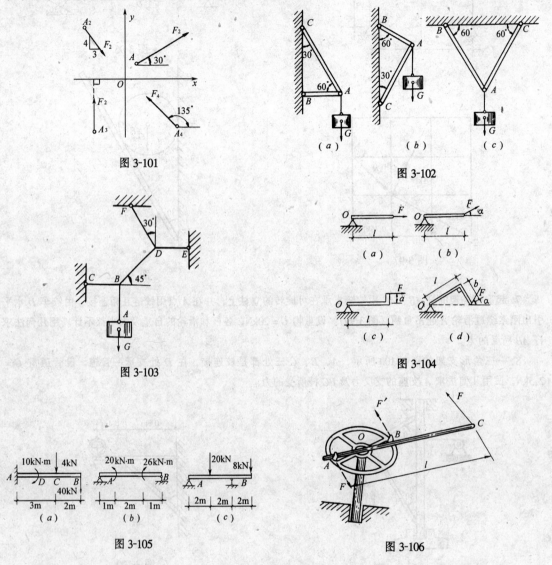

图 3-101

图 3-102

图 3-103

图 3-104

图 3-105

图 3-106

17. 将下列各力向 O 点简化，并求其合成的结果（图 3-107）。图中每格长度为 1m×1m。

已知：$F_1 = 10$kN，$F_2 = 20$kN，$F_3 = 30$kN

18. 求图 3-108 所示各梁的支座反力。

19. 求图 3-109 所示刚架的支座反力。

20. 求图 3-110 所示桁架 A、B 支座的反力。

21. 图 3-111 所示多跨梁，AB 段和 BC 段用铰链 B 连接，并支承于链杆 1、2、3、4 上。已知 $AD = EC = 6$m，$AB = BC = 8$m，$a = 4$m，$\alpha = 60°$，$F = 150$kN，求各链杆的反力。

22. 塔式起重机，重 $G = 500$kN（不包括衡锤重 Q）作用于 C 点，如图 3-112 所示。跑车 E 的最大起重量 $P = 250$kN，离 B 轨最远距离 $l = 10$m，为了防止起重机左右翻倒，需在 D 处加一平衡锤。要使跑车在满载或空载时，起重机在任何位置都不致翻倒，求平衡锤的最小重量 Q 和平衡锤到左轨 A 的最大距离 x。跑车自重不计，且 $e = 1.5$m，$b = 3$m。

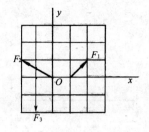

图 3-107

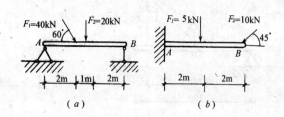

图 3-108

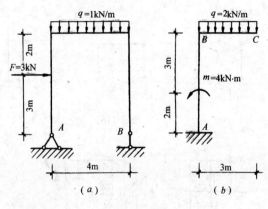

图 3-109

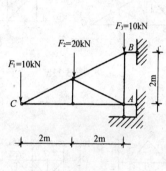

图 3-110

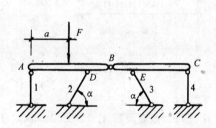

图 3-111

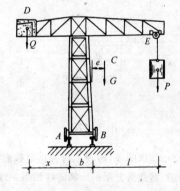

图 3-112

23. 如图 3-113 所示起重机 $G = 50\text{kN}$，置在水平梁上，其重力作用线沿 CD；起吊重量 $P = 10\text{kN}$，梁重 30kN，作用在梁的中点，试求：

（1）当起重机的 CD 线通过里梁的中点时，支座 A、B 的反力；

（2）CD 线离开支座 A 多远时，支座 A、B 的反力相等。

24. 试对图 3-114 所示体系进行几何组成分析。

25. 试对图 3-115 所示体系进行几何组成分析。

26. 对图 3-116 所示体系进行几何组成分析。

27. 求图 3-117 所示桁架各杆的内力。

28. 求图 3-118 所示桁架指选杆的内力。

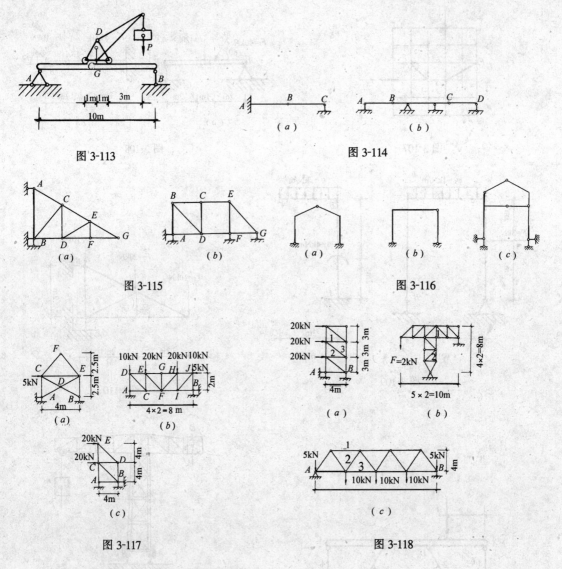

图 3-113

图 3-114

图 3-115

图 3-116

图 3-117

图 3-118

29. 试求图 3-119 所示杆件指定截面的轴力。

30. 截面为方形的阶梯砖柱如图 3-120 所示。上柱高 $H_1 = 3m$，截面面积 $A_1 = 240 \times 240 mm^2$；下柱高 $H_2 = 4m$，截面面积 $A_2 = 370 \times 370 mm^2$，荷载 $P = 40kN$，砖砌体的砖柱自重不计，试求柱子上下段的应力。

31. 混凝土桥墩需承受 300kN 的压力，其横载面面积为 40cm×60cm，容许应力 $[\sigma] = 9MPa$，试校核其强度。

32. 图 3-121 支架，杆①为直径 $d = 16mm$ 的圆截面钢杆，容许应力 $[\sigma]_1 = 140MPa$，杆②为边长 $a = 100mm$ 的方形截面木杆，许用应力 $[\sigma]_2 = 4.5MPa$。已知结点 B 处挂一重物 $Q = 36kN$，校核两杆的强度。

33. 悬臂吊车如图 3-122 所示，小车可在 AB 梁上移动，斜杆 AC 的截面为圆形，容许应力 $[\sigma] = 170MPa$，已知小车荷载 $P = 150kN$，试求杆 AC 的直径。

34. 图 3-123 起重架，在 D 点作用荷载 $P = 30kN$，若杆 AD、ED、AC 的容许应力别为 $[\sigma]_1 = 40MPa$、$[\sigma]_2 = 100MPa$、$[\sigma]_3 = 100MPa$，求三根杆所需的面积。

35. 图 3-124 所示结构中，杆①为钢杆，$A_1 = 1000mm^2$，$[\sigma]_1 = 160MPa$；杆②为木杆，$A_2 = 20000mm^2$，$[\sigma]_2 = 27MPa$，求构件的许可荷载 $[P]$。

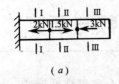

(a)

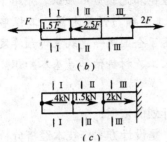

(b)

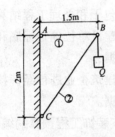

(c)

图 3-119

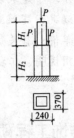

图 3-120

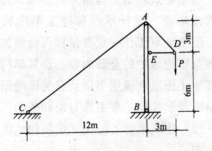

图 3-121

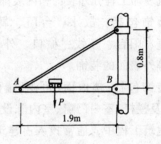

图 3-122

图 3-123

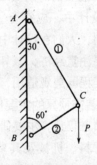

图 3-124

第4章 建筑装饰工程定额与预算

本章详细地介绍了建筑装饰工程定额与预算的基本理论和定额应用知识。介绍了建筑装饰工程预算编制概况；建筑装饰定额的基本原理，即施工定额与预算定额；工程单价和人工、材料、机械单价；有关费用的计取规定。还详细阐述了全国统一建筑装饰预算定额各章的项目内容、使用说明、工程量计算规则及定额应用和人工、材料估算等基本知识。

4.1 建筑装饰工程预算概述

建筑装饰工程分外装饰和内装饰两部分。

外装饰包括：散水、台阶、勒脚、壁柱、雨篷、阳台、腰线、檐口、外墙门窗、外墙面等外表面的装饰。

内装饰包括：楼地面、顶棚、墙面、踢脚线、楼梯及栏杆、室内门窗、室内陈设等装饰。

在建筑工程中，通常投入占建筑总造价的35%～50%的资金（民用建筑）和占总工期的35%～50%的时间去装饰建筑物。

在建筑设计中，应符合"适用、经济、美观"的原则，人们在设计中讲求装饰效果的同时，还要注重经济，核算成本，控制投资。使装饰工程既美观适用，又经济合理。

4.1.1 建筑装饰预算的主要任务

建筑装饰工程预算主要研究分析装饰工程中人工、材料、机械及其费用消耗问题，探求用最少的人力、物力和财力生产出更多更好的建筑产品，这是它的经济功能。

4.1.2 建筑装饰工程预算的作用

建筑装饰工程预算是确定工程造价的费用文件。它是根据装饰施工图纸和施工组织设计，按照建筑装饰工程预算定额及建筑装饰工程费用定额等文件编制而成的工程费用标准。

建筑装饰工程预算的作用如下：

（1）是确定建筑装饰工程造价，编制固定资产计划的依据；

（2）是设计方案作技术经济分析的重要依据；

（3）是签订建筑装饰工程合同，实行建设单位投资包干和办理工程结算的依据；

（4）是建设单位确定标底和建筑企业投标报价的依据；

（5）是建筑企业进行经济核算，考核工程成本的依据。

4.1.3 建筑装饰工程预算的编制依据

（1）装饰施工图纸

编制建筑装饰工程预算的图纸，必须经过建设单位、设计单位和施工单位共同会审。图纸会审工作一定要预算人员参加，并了解会审记录中的全部内容。预算部门需要全套施工图纸和说明书以及有关标准图，它们是编制预算的主要工作对象和依据。

（2）建筑装饰工程预算定额和地区单位估价表

国家和地方颁发的建筑装饰工程预算定额及根据预算定额和人工、材料、机械单价编制的地区单位估价表，都是编制预算的重要依据。定额中的工程量计算规则，是计算工程量的主要依据。

（3）施工组织设计或施工方案

施工组织设计是确定单位工程的施工方法、施工进度计划及主要技术措施等内容的文件。施工方法与工程造价有着密切关系，因此经批准的施工组织设计或施工方案是编制预算的必要依据。

（4）各种取费标准

其他直接费、间接费、税金及利润率标准，在国家未统一标准之前，应按当地标准执行。它是直接费计算完后，计算各种费用的依据。

（5）工具书及有关手册

如材料的密度等，必须查阅工具书。预算手册一般列有常用的数据、计算公式、概算指标等资料数据。材料预算价格手册是找议价差的依据。

（6）合同或协议

根据甲、乙双方签订的合同（或协议）有关条款内容编制预算，明确建设单位与施工单位双方在材料、设备、加工订货方面的分工等有关事项、工程款拨付方式等。

4.1.4　建筑装饰工程预算编制的步骤

预算人员必须做到：会看图纸；掌握定额；了解政策。只有掌握这三要素，才能准、全、快（即套项目准、不漏项、计算速度快）地编制预算。

预算人员在编制预算之前，必须具备一定的识图能力，能够看懂施工图纸。在编制预算之前，一定要熟悉定额的内容（如定额的说明及工程量计算规则等）。在编制预算之前，还应了解本地区的有关政策和规定，收集所必须的基础资料。然后根据有关资料，按照下列的步骤和方法进行。

（1）熟悉施工图纸了解现场情况

施工图纸表示建筑物的不同构造和尺寸大小，提供了确定工程项目和计算每个分项工程量的依据。因此，熟悉施工图纸是一个关键，只有对图纸有了较全面地了解以后，才能结合定额项目的划分，有步骤地计算工程量并正确计算出工程造价。同时，熟悉图纸的过程也是审查图纸的过程，对施工图纸中的矛盾、疑难问题，应及早提出，妥善解决。为了正确计算工程量，还要了解现场实际情况以及施工组织设计与合同中的有关内容。

（2）计算工程量

工程量是编制预算的原始数据，计算工程量的工作，在整个编制预算过程中是最繁重的一道工序，花费时间最长，工程量计算的准确度和快慢与否，直接影响到预算的编制质量与速度。因此，在计算工程量时，不仅要求计算准确，而且要按一定的计算规则进行，计算式子力求简单明了，并按一定的次序排列，从而防止重算和漏算，以便有关人员审核。

计算各分项工程量时，应将图纸中的毫米单位，改为以米为单位进行计算，分别按平方米、米等基本单位表示。计量单位一定要与定额的计算单位相一致。在工程量汇总时，其精确度应按要求保留小数，取位以后的小数采取四舍五入制。

计算工程量时，要注意各个项目尺寸之间的关系，尽量减少重复劳动，简化计算过程。为了避免重复劳动，要注意可以重复利用的基数和利用一定形式的表格计算。工程量计算完毕后，应仔细核对几遍，查看每一张图纸，检查有无漏项，对工程量计算的各个数据应反复校核，确认无误后，方可根据预算定额的内容和计算单位的要求，按分项工程的顺序逐项汇总、整理列项，为套用预算单价提供方便。

（3）套用预算单价

工程量计算完毕经细致核对无误后，按照预算定额分部分项顺序，逐项套用与工程内容相应的预算单价，即用计算出来的子项工程量乘以相应内容的单位估价表中的预算单价或定额中的预算基价，得出子项工程的预算价值。

在套用预算单价时，子项工程的名称、规格、计算单位必须与单位估价表或预算定额上所列的内容完全一致。否则，就可能出现重套、错套预算单价的现象，从而影响工程直接费偏高或偏低。

如设计图纸上的子项工程的名称、规格

与定额或单位估价表上的内容不一致时,在允许换算的情况下,应将有关的预算单价换算成所需要的预算单价,并在"定额编号"的前面加上"换"字。如果设计图纸上的子项工程在定额上既不能套用,也不能换算时,应编制补充定额或单位估价表,并在"定额编号"栏内记明"补1"、"补2"……等。在套用单价时,必须维护定额和单价的严肃性,除定额说明允许换算外,一律只能遵照执行,不得任意修改。在执行过程中,如发现问题,可向当地建委或定额站及时反映以求解决。

(4) 计算各项费用

累计预算表上的分项工程预算价值的总和, 即得到该单位工程的直接工程费。分项工程的取费率不同时, 应分别累计直接工程费(目前各项费用的计费基础各省市不统一, 也有按人工费为基数计取各项费用的)。以直接工程费为基础乘以规定的各项取费率, 即得出各项费用数额。然后把直接工程费和其他各项费用相加, 就得出该单位工程的总造价(各种费用计算执行各地区费用定额)。

(5) 工料分析和成品、半成品汇总

工料分析, 即根据预算表中的所有子项工程按其定额编号从预算定额中查出各种材料和人工的数量, 再分别乘以该子项工程的工程量, 即计算出各子项材料和人工消耗数量, 然后再按材料的规格、品种和工种分别汇总, 计算出单位工程所需的各种材料和人工的总数量。

为了不影响施工进度, 应向有关部门或单位及时提供单位工程所需的材料、成品、半成品。在进行工料分析的同时, 应对单位工程所需的材料、成品及半成品, 按不同规格、品种分别进行汇总。

工料分析和成品、半成品汇总工作, 是建安企业进行经济核算、加强企业管理的重要措施之一, 也是计划部门和劳动工资部门安排生产计划和劳动力的依据, 是材料部门备料和组织材料、成品、半成品加工计划, 并组织成品、半成品进场的依据, 又是两算对比和财务各部门进行成本分析, 制定降低成本措施的依据, 也是进行材料核销或结算的依据。

(6) 编制说明

编制施工图预算书时一般应写编制说明, 主要用来叙述在预算项目上所表达不了的, 而又需要使审核或使用预算单位知道的内容。一般编制说明的内容如下:

1) 编制依据: 说明采用的图纸、定额和单位估价表的名称, 采用何时发布的取费文件以及施工组织设计或施工方案等。

2) 遗留项目或暂估项目有哪些, 并说明原因及以后处理办法。

3) 特殊项目的补充单价或补充定额的编制依据。

4) 预算中是否考虑设计变更及图纸会审记录。

5) 其他应说明的事项。

(7) 逻辑审查、复印送审

预算全部编制完后, 应由施工单位预算主管人员全面复核, 进行逻辑审查, 确认无误后, 即可复印多份, 报送甲方、财政或审计部门审核批准。

小　　结

建筑装饰工程分内、外装饰两部分, 其特点是投资大、工期长。

建筑装饰预算的主要任务是探求用最合理的人力、物力和财力生产出更多更好的建筑产品。

建筑装饰预算的作用是: 确定造价、编制计划、签订合同、办理价款、经济核算、设计方案比较和投招标的依据。

建筑装饰预算编制的依据有：图纸、定额或单位估价表、组织设计、取费标准、预算手册及合同。

建筑装饰预算编制步骤为：熟悉图纸、计算工程量、套定额、取费、工料分析、编制说明、逻辑审查及送审。

4.2 建筑装饰工程定额

4.2.1 建筑装饰工程定额的意义、性质及分类

（1）定额的意义

建筑装饰工程定额，就是指在正常的施工条件下，完成一定计量单位的合格产品所必需的劳动力、材料、机械台班和资金消耗的数量标准。正常的施工条件就是指生产过程按生产工艺和施工验收规范操作，施工条件完善，劳动组织合理，机械运转正常，材料储备合理。在这样的条件下，对完成单位产品进行的定员（定工日）、定质（定质量）、定量（定数量）、定价（定资金），同时规定了工作内容和安全要求等。

实行定额的目的，是为了力求用最少的人力、物力和财力，生产出符合质量标准的合格建筑产品，取得最好的经济效益。定额既是建筑装饰活动中计划、设计、施工、安装各项工作取得最佳经济效益的有效工具和杠杆，又是衡量、考核上述工作经济效益的尺度。它在企业管理中占有十分重要的地位。当前正在进行建筑业的改革，改革的关键是推行投资包干制和招标承包制，其中签订投资包干协议，计算招标标底和投标报价，签订总包和分包合同，以及企业内部实行的各种形式的承包责任制，都必须以定额为主要依据。随着改革的深入发展，定额作为企业科学管理的基础，必将进一步得到完善和提高。

（2）定额的性质

定额具有科学性、法令性、群众性、稳定性和时效性等性质。

1）科学性

定额的科学性表现在定额是在认真研究客观规律的基础上，遵循客观规律的要求，实事求是地运用科学的方法制定的。定额还考虑了已经成熟和推广的先进技术和先进的操作方法，正确反映当前生产力水平的单位产品所需的生产消耗量。

2）法令性

定额的法令性表现为定额一经批准颁发后，就具有法令性质。各地区、各有关单位必须严格遵守和执行，不得随意变更定额的内容和水平。

3）群众性

定额的群众性是指定额来自群众，又贯彻于群众。定额的制定和执行，具有广泛的群众基础。

4）稳定性

建筑装饰工程定额，在一段时间内都表现为稳定的状态。根据具体情况不同，稳定的时间有长有短，一般在3～5年。

5）时效性

建筑装饰工程定额只能反映出一定时期生产力水平，当生产力向前发展了，定额就会变得不适应。当定额不再起到它应有的作用时，定额就要重新编制和进行修订。

（3）定额的分类

建筑装饰工程定额的种类很多，按其内容、形式、用途等不同，可以作如下分类：

1）按生产要素分类：劳动定额、材料消耗定额、机械台班使用定额。

2）按定额用途分类：施工定额、预算定额（综合定额）、概算定额和概算指标。

3）按定额执行的范围分类：全国统一定额、专业专用和专业通用定额、地方统一定额、企业内部定额。

定额的形式、内容和种类是根据生产建设的需要而制定的，不同定额及其在使用中的作用也不完全一样，但它们之间是相互联系的，在实际工作中有时需要相互配合使用。

4.2.2 建筑装饰工程施工定额

（1）施工定额的概念和作用

施工定额是在正常施工条件下，以施工过程为标定对象而规定的单位合格产品所需消耗的人工、材料、机械台班的数量标准。

施工定额是直接用于建筑施工管理中的一种定额。它由劳动定额、材料消耗定额、施工机械台班定额三部分组成。

施工定额的作用是：

1）供建筑施工企业编制施工预算；

2）是编制施工组织设计的依据；

3）是建筑企业内部搞经济核算的依据；

4）是与工程队或班组签发任务单的依据；

5）供计件工资和超额奖励计算的依据；

6）作为限额领料和节约材料奖励的依据；

7）是编制预算定额和单位估价表的基础。

施工定额是建筑企业内部使用的定额（亦称内部定额）。它使用的目的是提高企业劳动生产率，降低材料消耗，正确计算劳动成果和加强企业管理。

施工定额是以工作过程为制定对象，定额制定的水平要以"平均水平"为准，在内容和形式上要满足施工管理中的各种需要，以"便于应用"为原则。制定方法要通过实践和长期积累的大量统计资料，并应用科学的方法编制。

（2）劳动消耗定额

劳动消耗定额是一个综合的概念，根据用途和使用范围不同，有全国统一劳动定额、地区统一劳动定额和企业内部劳动定额等。

1）劳动定额的概念

劳动定额亦称人工定额，它规定在一定生产技术组织条件下，完成单位合格产品所必需的劳动消耗量标准。全国统一劳动定额与企业内部定额在水平上具有一定的差别。企业应以全国统一劳动定额为标准结合单位实际情况，制定符合本企业实际的企业内部劳动定额，不能完全照搬照套。

劳动定额按其表现形式分为时间定额和产量定额两种。

a．时间定额是指生产单位合格产品或完成一定生产任务所需劳动时间消耗的限额。时间定额以工日为单位，每一个工日按8小时计算。

时间定额是在实际工作中经常采用的一种劳动定额形式，它的单位单一，具有便于综合、累计的优点。在计划、统计、施工组织、编制预算中经常采用此种形式。

b．产量定额是指单位时间（工日）内生产合格产品的数量或完成工作任务量的限额。产量定额的单位是以产品计量单位表示，如延长米、平方米、吨、块等。产量定额具有形象化的特点，在工程施工时便于分配任务。

产量定额是根据时间定额计算出来的。其高低与时间定额成反比，两者互为倒数关系。

2）劳动定额的适用范围及作用

建筑装饰工程劳动定额适用于一般工业与民用建筑的新建、扩建工程和改建工程中的装饰工程。

劳动定额的作用主要表现在组织生产和按劳分配两个方面。具体作用如下：

a．是建筑企业内部组织生产、编制施工作业计划的依据；

b．是向施工班组签发施工任务书、考

核工效的依据；

    c. 是企业内部承包中计算人工、实行按劳分配和经济核算的依据；

    d. 是编制概预算定额人工部分的基础。

    3）工人工作时间分析

    工人工作时间分为定额时间和非定额时间两部分。

    定额时间是指为完成某一部分建筑产品所必需消耗的工作时间。包括准备与结束时间、作业时间（基本时间＋辅助时间）、作业宽放时间（技术性宽放时间＋组织性宽放时间）、个人生理需要与休息宽放时间。

    a. 准备与结束时间：指工人在工作开始前的准备工作（如研究图纸、接受技术交底、领取工具等）和下班前或任务完成后的结束工作（如工具清理、工作地点的清理等）。

    b. 作业时间：指工人直接完成某项产品所必须消耗的基本工作时间（如运灰、抹灰等）和为完成基本工作而需要的辅助工作时间（如弹线、洒水等）。

    c. 作业宽放时间：是指在施工中技术操作及施工组织本身的特点所必需的中断时间（如司机等待装货时间）。

    d. 个人生理需要与休息宽放时间：是指工人为了恢复体力所必需的休息，以及工人生理需要（如喝水、小便等）所消耗的时间。

    非定额时间是指非生产必须的工作时间（损失时间）。包括多余和偶然工作损失时间、停工损失时间和违反劳动纪律的损失时间。

    a. 多余和偶然工作损失时间：指在正常施工条件下不应发生的（如返工时间）或意外因素所造成的时间消耗（如手推车倾倒、扶车等时间）。

    b. 停工损失时间：指工作班内工人停止工作而造成的工时损失。包括施工本身原因的停工（如停工待料）和非施工本身原因

的停工（如气候突变、停水、停电等）。

    c. 违反劳动纪律的损失时间：指工人迟到、早退、擅自离开工作岗位、工作时间闲谈等影响工作的时间，也包括个别人违反劳动纪律而影响其他工人无法工作的工时损失。

    4）劳动定额编制的依据

    编制劳动定额主要依据有下列几方面：

    a. 《建筑工程施工及验收规范》和《建筑工程质量检验评定标准》；

    b. 《土木建筑工人技术等级标准》；

    c. 《建筑安装工人安全技术操作规程》和企业有关安全规定；

    d. 现行建筑材料产品质量标准；

    e. 有关定额测定和统计资料。

    5）劳动定额制定的基本方法

    劳动定额制定的基本方法通常有经验估算法、统计分析法、比较类推法和技术测定法四种。

    a. 经验估算法：一般是根据定额人员，生产管理技术人员和老工人的实践经验，并参照有关技术资料，通过座谈讨论、分析研究和计算而制定定额的方法。这种方法的优点是：制定定额简单、工作量少、时间短、不需要具备更多的技术条件。缺点是：定额受估工人员的主观因素影响大，技术数据不足，准确性差。此种方法只适用于批量小、不易计算工作量的生产过程。

    b. 统计分析法：它是根据一定时期内生产同类产品各工序的实际工时消耗和完成产品数量的统计，经过整理分析制定定额的方法。其优点是：方法简单，比经验估算法有较多的统计资料为依据。缺点是：原有统计资料不可避免地包含着一些偶然因素，以致影响定额的准确性。此种方法适用于生产条件正常、产品稳定、批量大、统计工作健全的生产过程定额的制定。

    c. 比较类推法：也称典型定额法。是以同类型产品定额项目水平或技术测定的实

耗工时为标准，经过分析比较，类推出同一组定额中相邻项目定额水平的方法。这种方法简单，工作量少，只要典型定额选择恰当，切合实际，具有代表性，类推出的定额水平一般比较合理。如果典型选择不当，整个系列定额都会有偏差。这种方法适用于定额测定较困难，同类型项目产品品种多、批量少的施工过程。

d. 技术测定法：是在正常的施工条件下，对施工过程各工序工作时间的各个组成要素，进行工作日写实，测定观察，分别测定每一工序的工时消耗，然后通过测定的资料进行分析计算来制定定额方法。它是一种典型的调查研究方法，其优点是：通过测定可以获得制定定额工作时间消耗的全部资料，有充分的依据，准确度较高，是一种科学的方法。缺点是：定额制定过程比较复杂，工作量较大，技术要求高，同时还需要做好工人思想工作。这种方法适用于新的定额项目和典型定额项目的制定。

6) 全国统一劳动定额的内容

由建设部组织制定的《建筑装饰工程劳动定额》作为推荐性行业标准，业经劳动部审查批准，于 1994 年发布，实施日期为 1995 年 1 月 1 日。它适用于一般工业、民用建筑新建、扩建、改建和装饰工程的施工管

理。其主要内容包括：文字说明、时间定额标准表、附录三部分。

a. 文字说明：文字说明主要包括：适用范围、引用标准和有关规定。适用范围阐述了本系列标准的适用范围及其作用。引用标准主要内容有：劳动定额标准术语，工时消耗分类，代号和标准时间构成，采用的施工及验收规范。其他有关规定主要包括：工作内容，定额时间构成，定额的概念，工程量计算规则，水平运输和垂直运输加工的规定，建筑物高度和高层建筑加工的规定，其他具体规定说明。

b. 时间定额标准表：时间定额标准表是定额的核心部分，规定了分项工程工作内容和单位合格产品的用工标准。标准表下面一般都有附注说明，是对定额项目调整的说明和有关补充规定。

c. 附录：附录主要包括施工方法、施工用料、质量要求、其他规定及说明、名词别称或解释及有关示意图。

在使用定额时，应全面学习和掌握定额内容，灵活运用定额表的项目。现摘录《建筑装饰工程劳动定额》抹灰工程表 21——水刷石定额表（见表 4-1），并说明定额表的形式、项目的划分、工作内容及其使用方法等。

水 刷 石   表 4-1

工作内容：包括清扫、刮底、弹线、嵌条、配色、筛色粉、抹面、起线、刷石、压实等全部操作过程。

工日/10m²

项　目	墙面及墙裙		柱		圆形、多边形	遮阳板（垂直）	序　号
	分格	不分格	方　形				
			分　格	不分格			
综　合	3.020	2.530	4.290	3.430	4.850	4.850	一
抹水刷石	2.470	1.990	3.500	2.740	3.880	3.880	二
运砂浆	0.319	0.319	0.451	0.411	0.582	0.582	三
调制砂浆	0.226	0.225	0.342	0.247	0.388	0.388	四
编　号	156	157	158	159	160	161	

根据表 4-1 水刷石分项定额表所示，可知水刷石墙面分格（156 项），综合时间定额为 3.020 工日/10m²；抹水刷石为 2.470 工日/10m²；运砂浆为 0.319 工日/10m²；调制砂浆为 0.226 工日/10m²。

7）劳动定额的应用

劳动定额的应用非常广泛，下面举例说明劳动定额在生产计划中的一般用途。

【例 4-1】 某工程有 79m² 水刷石墙面（分格），每天有 12 名工人在现场施工。试计算完成该工程所需施工天数。

解： 完成该工程所需劳动量 = 3.02 × 7.9 = 23.86 工日

需要的天数 = 23.86 ÷ 12 ≈ 2d

【例 4-2】 某住宅工程有水刷石墙面（分格）3315m²，计划 25d 完成任务，问安排多少人才能完成该项任务？

解： 该工程所需劳动量 = 331.5 × 3.02 = 1001.13 工日

该工程每天需要人数 = 1001.13 ÷ 25 ≈ 40 人

（3）材料消耗定额

1）材料消耗定额的概念

材料消耗定额是指在节约与合理使用材料的条件下，生产单位合格产品所必需消耗的一定规格的建筑材料、半成品或构配件的数量标准。它包括材料的净用量和必要的工艺性损耗数量。

材料的损耗量 = 材料的净用量 + 材料损耗量

材料的损耗量与材料的净用量之比的百分数为材料的损耗率。材料的损耗率是通过观测和统计得到，通常由国家有关部门确定。

材料的消耗量 = 材料净用量 × （1 + 材料损耗率）

材料消耗定额不仅是实行经济核算，保证材料合理使用的有效措施，而且是确定材料需用量，编制材料计划的基础，同时也是定额承包和限额领料，考核和分析材料使用情况的依据。

2）制定材料消耗定额的基本方法

材料消耗定额的制定方法主要有：观测法、试验法、统计法、计算法四种。

a. 观测法：观测法是在节约和合理使用材料条件下，用来观察、测定施工现场中材料定额的方法。用这种方法拟定难以避免的损耗数量最为适宜，因为该部分数值用统计和计算方法是不可能得到的。

b. 试验法：试验法是指在实验室中进行实验和测定，确定材料消耗定额的方法。它只适用于在实验室条件下，测定混凝土、沥青、砂浆、油漆等材料消耗。另外还要考虑实验室和现场之间差别的影响。

c. 统计法：统计法是通过对现场用料的大量统计资料进行计算，以拟定材料消耗定额的方法。此法简单易行，不需组织专人观测和试验，但不能分别确定材料净用量和材料损耗量，其准确程度受统计资料的限制和实际使用材料的影响，存在较大的片面性。

d. 计算法：计算法是根据建筑材料、施工图纸等，用理论计算材料消耗定额的一种方法。这种方法主要适用于制定有一定规格尺寸的块、板类材料的消耗定额。

（4）机械台班消耗定额

机械台班消耗定额，简称机械台班定额。它是指施工机械在正常的施工条件下，合理、均衡地组织劳动和使用机械时，该机械在单位工日内的生产效率。机械台班定额按其表现形式不同可分为机械时间定额和机械产量定额两种。

1）机械时间定额

机械时间定额是指在合理的劳动组织与合理使用机械条件下，生产某一单位合格产品所必需消耗的机械台班数量。计量单位用"台班"表示，一个台班按 8h 计算。它既包括机械本身的工作，又包括使用该机械的工人的工作。

2）机械产量定额

机械产量定额是指在合理的劳动组织与合理使用机械条件下，规定某种机械在单位时间（台班）内，必须完成合格产品的数量。其计量单位是以产品的计量单位来表示的。

机械时间定额与机械产量定额互为倒数关系。

机械台班定额标志机械生产率的水平，同时反映施工机械管理水平和机械施工水平，是编制机械需用量计划、考核机械效率和签发施工任务书、评定超产奖励等的依据。

（5）施工定额的内容及应用

1）施工定额的内容和形式

施工定额一般由文字说明、定额项目表及附录三部分组成。

a．文字说明：主要包括总说明、分册说明和章、节说明。

总说明主要说明定额的编制依据、适用范围、用途、工程质量要求，有关综合性工作内容及有关规定和说明。

分册和分章节说明，主要说明本册、

章、节定额的工作内容、施工方法、有关规定及说明、工程量计算规则等。

b．定额项目表：定额项目表是分节定额中的核心部分和主要内容。它包括工作内容、分项工程名称、定额单位、定额表及附注等，见表4-2。

工作内容是说明该分项工程所包括的主要工作内容。单位为该分项工程单位。定额表是由定额编号、定额子目名称、工料机械消耗指标组成。

附注一般列在定额表的下面，主要是根据施工内容及条件变动，规定人工、材料、机械定额用量的调整。一般采用乘系数和增减工料的方法来计算，附注是对定额表的补充。

c．附录：一般放在定额分册后面，包括有关名词解释、图示、做法及有关参考资料。如材料消耗计算表，砂浆、混凝土配合比表及计算公式等。

2）施工定额的应用

要正确使用施工定额，首先应熟悉定额总说明，册、章、节说明及附注等有关文字说明的部分，以便了解定额使用的有关规定。另外还要掌握工程量计算规则、施工操

干 粘 石

表 4-2

工作内容：包括清扫、打底、弹线、嵌条、筛洗石渣、配色、抹光、起线、粘石等

单位：10m²

编号	项 目			人 工			水泥	砂子	石渣	107胶	甲基硅醇钠
				综合	技工	普工			kg		
147		墙 面 墙 裙		2.62	2.08	0.54	92	324	60		
148	混凝土墙面	不打底	干粘石	1.85	1.48	0.37	53	104	60	0.26	
149			机喷石	1.85	1.48	0.37	49	46	60	4.25	0.40
150	柱		方 柱	3.96	3.10	0.86	96	340	60		
151			圆 柱	4.21	3.24	0.97	92	324	60		
152	窗 盘 心			4.05	3.11	0.94	92	324	60		

注：1．墙面（裙）、方柱以分格为准，不分格者，综合时间定额乘0.85。

　　2．窗盘心以起线为准，不带起线者，综合时间定额乘0.8。

作方法、项目的工作内容及调整的规定要求等。施工定额一般可直接套用，但有时需要调整换算后才能套用。

a. 直接套用：当工程项目的设计要求、施工条件及施工方法与定额项目表的内容、规定完全一致时，可以直接套用定额。

【例 4-3】　某宿舍楼砖外墙干粘石（分格），按施工定额工程量计算规则计算，干粘石工程量为 2200m^2，试计算其工料数量。

解：工料数量为：

劳动工日用量 = 220 × 2.62 = 576.40 工日

水泥用量 = 220 × 92 = 20 240kg

砂子用量 = 220 × 324 = 71 280kg

石子用量 = 220 × 60 = 13 200kg

b. 调整换算：当工程设计要求、施工条件及施工方法与定额项目的内容及规定不完全相符时，应按规定调整换算。调整的方法一般采用系数调整和增减工日、材料数量调整。

【例 4-4】　某工程按施工定额工程量计算规则计算，墙裙干粘石（不分格）面积为 320m^2，试计算其工料数量。

解：由表 4-2 查得定额编号为 147 项，注 1 规定：墙面（裙）、方柱以分格为准，不分格者，综合时间定额乘以 0.85。做法与规定不同需要调整，其工料数量为：

劳动工日用量 = 32 × 2.62 × 0.85 = 71.26 工日

水泥用量 = 32 × 92 = 2 944kg

砂子用量 = 32 × 324 = 10 368kg

石子用量 = 32 × 60 = 1 920kg

4.2.3　建筑装饰工程预算定额

（1）预算定额的概念、性质和作用

预算定额是完成一定计量单位的合格产品所消耗的人工、材料和机械台班的数量标准。

预算定额是由国家或其授权单位统一组织编制和颁发的一种法令性指标。有关部门必须严格执行，不得任意变动。预算定额中各项指标是国家允许建筑企业在完成工程任务时工料消耗的最高限额，也是国家提供的物质资料和建设资金的最高限额，从而建筑工程有一个统一核算尺度，对基本建设实行计划管理和有效的经济监督。

预算定额的作用是：

1）是编制建筑装饰工程预算，确定工程造价，进行工程拨款及竣工结算的依据；

2）是编制招标标底，投标报价的基础资料；

3）是建筑企业贯彻经济核算制，考核工程成本的依据；

4）是编制地区单位估价表和概算定额的基础；

5）是设计单位对设计方案进行技术经济分析比较的依据。

（2）预算定额的编制原则和依据

1）预算定额的编制原则

预算定额的编制工作，实际上是一种立法工作。在编制时应根据党和国家对经济建设的要求，贯彻勤俭建国的方针，坚持既要结合历年定额水平，也要照顾实际情况，还要考虑发展趋势，使预算定额符合客观实际。预算定额的编制应遵循以下原则：

a. 定额的水平应符合平均合理的原则；

b. 定额的内容和形式应符合简明适用的原则；

c. 定额的编制应符合集中领导和分级管理的原则。

2）预算定额的编制依据

a. 现行的施工定额和全国统一劳动定额；

b. 现行的设计规范、质量评定标准和安全操作规程；

c. 通用标准图集和定型设计图纸，有代表性的设计图集；

d. 新技术、新结构、新材料和先进经

验资料；

e.有关科学实验、技术测定、统计分析资料；

f.现行的人工工资标准、材料预算价格和施工机械台班单价；

g.现行的预算定额及其编制的基础资料和有代表性的补充单位估价表。

（3）预算定额计量单位的确定

1）预算定额计量单位的确定原则

凡物体的截面有一定形状和大小，只是长度有变化（如柜台、木扶手、装饰线等）应以 m 为计量单位。

当物体的厚度一定，只是长度和宽度有变化（如楼地面、墙面、门窗等）应以 m²（投影面积或展开面积）为单位计算。

如果物体的长、宽、高都变化不定（如箱式招牌等）应以 m³ 为计量单位。有时还可以采用个、根、组、套等为计量单位，如金属字和卷闸门电动装置。在 m、m²、m³ 等单位中，以 m 为单位计算最简单。所以，在保证定额的准确性的前题下，能简化尽量简化。定额单位确定以后，在列定额表时，一般都采用扩大单位，以 10、100 等为倍数，以保证定额的精确度要求。

2）工、料、机械计量单位及小数位数的取定见表 4-3。

工料机械计量单位及小数位数取定表　　表 4-3

项　目	单位	保留位数	项目	单位	保留位数
人　工	工日	2	机械	台班	2
木　材	m³	3	面砖	块	0
水　泥	kg	0	砂浆	m³	2
混凝土	m³	2	钢材	kg	0
人民币	元	2	其他		2

（4）预算定额消耗指标的确定

人工、材料和机械台班消耗指标，是预算定额的重要内容。预算定额水平的高低主要取决于这些指标的合理确定。

预算定额是一种综合性定额，是以复合过程为标定对象，在施工定额的基础上综合扩大而成。在确定各项指标前，应根据编制方案所确定的定额项目和已选定的典型图纸，按定额子目和已确定的计算单位，按工程量计算规则分别计算工程量，在此基础上再计算人工、材料和机械台班的消耗指标。

1）人工消耗指标的内容

预算定额中人工消耗指标中包括了各种用工量。有基本用工、辅助用工、超运距用工和人工幅度差四项，其中后三项综合称为其他用工。

a.基本用工：它是指完成子项工程的主要用工量。如铺地砖工程中的铺砖、调制砂浆、运地砖、运砂浆的用工量。

b.辅助用工：它是指在现场发生的材料加工等用工。如筛砂子、选地砖等增加的用工。

c.超运距用工：它是指预算定额中材料及半成品的运输距离超过劳动定额规定的运距时所需增加的工日数。

d.人工幅度差：它是指在劳动定额中未包括，而在正常施工中又不可避免的零星用工因素。这些因素不单独计算，而是综合增加一个幅度系数。国家现行定额规定人工幅度差系数为 10%。

人工幅度差包括的因素有：

（a）各专业工种之间的工序搭接及有关工程之间的交叉、配合中不可避免的停工时间；

（b）施工机械在场内变换操作地点及在施工过程中的临时停水、停电所发生的不可避免的间歇时间；

（c）施工过程中水电维修用工；

（d）工程验收等工程质量检查影响的操作时间；

（e）操作地点转移影响的操作时间；

（f）工种之间交叉作业造成的不可避免

的剔凿、修复、清理等用工；

（g）不可避免的少量零星用工。

2）材料消耗指标的内容

a．材料消耗指标的构成：材料消耗指标包括构成工程实体的材料消耗，工艺性材料损耗和非工艺性材料损耗三部分。

（a）直接构成工程实体的材料消耗是材料的有效消耗部分，即材料的净用量。

（b）工艺性材料损耗是材料在加工过程中的损耗（如边角余料）和施工过程中的损耗（如落地灰等）。

（c）非工艺性损耗，如材料保管不善、大材小用、材料数量不足和废次品损耗等。

前两部分构成工艺消耗定额，施工定额即属此类。加上第三部分，即构成综合消耗定额，预算定额即属此类。预算定额中的损耗量包括工艺性损耗和非工艺性损耗两部分。

b．材料消耗指标的确定：预算定额中的材料消耗指标包括主要材料、辅助材料、周转性材料和其他材料四项。

（a）主要材料：是指构成工程实体的大宗性材料。主要材料消耗量一般以施工定额中的材料消耗定额为计算基础。如果某些材料没有材料消耗定额，应当选择合适的计算分析方法，求出所需要的定额。

（b）辅助材料：是直接构成工程实体，但比重较少的材料。如水磨石地面嵌条等。可以采取相应的方法计算或估算，列入定额内。

（c）周转性材料：是指在施工中能反复周转使用的工具性材料。如模板、脚手架等。预算定额中的周转性材料是按多次使用、分次摊销的方法进行计算的。

（d）其他材料：是指在工程中用量不多，价值不大的材料。可用估算等方法计算其用量后，合并为一个"其他材料费"的项目，以元表示。

施工用水应确定于定额内。水是一项很重要的建筑材料，预算定额中应列有水的用量指标。预算定额中的用水量，可以根据配合比和实际消耗计算或估算。

3）机械台班消耗指标的内容

预算定额中机械台班消耗指标，是以台班为单位进行计算的，每个台班为 8h。定额机械化水平，应以多数施工企业采用和已推广的先进设备为标准。

编制预算定额时，以统一劳动定额中各种机械台班产量为基础进行计算，还应考虑在合理的施工组织设计条件下机械的停歇因素，增加一定的机械幅度差。

机械幅度差一般包括下列因素：

a．施工中作业区之间的转移及配套机械相互影响的损失时间；

b．在正常施工情况下机械施工中不可避免的工序间歇；

c．工程结束时工作量不饱满所损失的时间；

d．工程质量检查和临时停水停电等引起机械停歇时间；

e．机械临时维修、小修和水电线路移动所引起的机械停歇时间。

大型机械的机械幅度差系数一般取 1.3 左右。

垂直运输用的塔吊、卷扬机及砂浆搅拌机、磨石机等由于是按小组配用，以小组产量计算机械台班数量，不另增加机械幅度差。

（5）预算定额手册内容

预算定额手册主要由目录、总说明、建筑面积计算规则、分部说明、工程量计算规则、定额项目表及有关附录组成。

1）装饰定额总说明

装饰定额总说明主要说明各分部工程的共性问题和有关的统一规定，对各章都起作用。主要包括以下内容：

a．定额的适用范围、指导思想及作用；

b．定额编制原则、依据及性质；

c. 定额人工编制的依据、水平和已考虑的其他因素；

d. 定额所采用的材料规格、材料标准、允许换算的原则；

e. 定额考虑的机械、脚手架、超高费的范围；

f. 关于人工、材料、机械及费用的一般规定。

为了说明问题，现将《全国统一建筑装饰工程预算定额》总说明叙述如下：

a. 全国统一建筑装饰工程预算定额（以下简称本定额）适用于新建、扩建、改建及再次装饰工程的建筑装饰。

b. 本定额是编制装饰工程施工图预算、确定装饰工程造价、拨付工程价款、办理竣工结算的依据，是招标工程编制标底和投标报价的基础，也是编制建筑工程概算、投标估算指标的基础。

c. 本定额是根据正常的施工条件下，以现行标准设计或典型设计图纸、国家颁发的建筑装饰工程施工及验收规范、质量评定标准和安全技术操作规程为依据编制的。除定额规定调整换算者外，一般不得因具体工程的施工组织、施工方法、材料消耗等与定额规定不同而改变定额。

d. 本定额人工消耗量除依据国家现行《全国建筑安装工程统一劳动定额》、有关省、市的补充劳动定额，并结合施工实际情况调整外，根据有关规定增加了以下内容：

（a）劳动定额水平差；

（b）因场地狭小等特殊情况而发生的材料二次搬运用工；

（c）劳动定额项目以外所必须增加的生产用工的幅度差；

（d）预算定额和劳动定额取定的场内水平运距之差所增加的工日。

e. 本定额建筑装饰材料的消耗量是以符合国家标准的合格产品和常用规格编制的。

f. 本定额木材树种分类是以 1995 年《全国建筑安装工程统一劳动定额》的规定为准。板、方材的形状名称及定义以国家标准 GB48222·1—84 为准。

板、方材的定义：宽度尺寸是厚度尺寸的两倍以上者为板材，宽度尺寸小于厚度尺寸二倍者为方材。

板材的形状名称取"平行整边"。规格根据国家标准 GB153·1—84，并结合有关木材加工企业分类取定如下：毛料厚度 12～23mm 为薄板；毛料厚度 24～35mm 为中板；毛料厚度 35mm 以上者为厚板。

g. 本定额均已考虑了搭拆 3.6m 以内简易脚手架用工。3.6m 以内的脚手架材料费用及超过 3.6m 高所需搭设的装饰架子，按各地区现行土建预算定额相应项目和有关规定执行。

h. 本定额施工高度以设计室外地坪面至檐口滴水高度 20m 以内为准，超过 20m 以外者，按各省、自治区、直辖市现行土建预算定额的有关规定执行。

i. 本定额垂直运输机械按卷扬机考虑，如实际采用塔式起重机者，按定额项目中给予的塔式起重机台班量换算。实际采用人工运输者，按卷扬机定额执行。

j. 砂浆、混凝土等配合比按各地现行建筑工程预算定额执行。

k. 建筑装饰材料、成品、半成品的施工场内运输以及场内二次搬运和操作损耗已包括在定额内，不得另行计算。

l. 装饰工程其他直接费、间接费定额均由各省、自治区、直辖市与主体工程一并确定。

m. 装饰工程需对成品保护的项目，所需费用已包括在相应项目内，不再另行计算。

n. 对于单独承担装饰工程的其他直接费及间接费，应以建设部与中国人民建设银行（89）建标字 248 号文件所列项目划分为基础。原则上以工程直接费为计算基础（对于特殊、价高的材料可确定取费价格计算），也可采用人工费或人工费加机械费为计算基础。

o．本定额人工单价、材料预算价格、机械台班费是以北京市价格为主编制的，各省、自治区、直辖市可按当地价格制定调整办法。但人工、材料、机械消耗量不得变更。

人工单价包括生产工人的基本工资、工资性津贴、辅助工资、工资附加费、劳动保护费、交通补助费。

p．卫生洁具、装饰灯具、给排水及电气管道等安装工程可按《全国统一安装工程预算定额》有关规定执行。

q．本定额颁发前，用于确定工程造价的装饰工程定额与本定额不一致时，一律以本定额为准。

r．定额项目单价栏目中用括号"（ ）"表示的，其材料费、基价均未包括该材料费用，应根据当地的材料预算单价计算列入定额基价。

s．凡进行二次或再次装修的工程，装修前有关处理工程量，先按第六章中的铲除工程有关项目进行计算，然后装饰工程量再按有关章、节项目计算。

t．本定额中注有"××以内"或"××以下"者，均包括××本身；"××以外"或"××以上"者，则不包括××本身。

2）建筑面积计算规则

建筑面积是计算工程造价和单方造价或其他工程技术指标的基础。它规定了计算建筑面积的范围和计算方法，同时也规定了不能计算建筑面积的范围。下面把建筑面积计算规则简述如下：

a．计算建筑面积的范围：

（a）单层建筑物不论其高度如何均按一层计算。其建筑面积按建筑物外墙勒脚以上的外围水平面积计算。单层建筑物内如带有部分楼层者亦应计算建筑面积。

（b）高低联跨的单层建筑物，如需分别计算建筑面积，当高跨为边跨时，其建筑面积按勒脚以上两端山墙外表面间的水平长度乘以勒脚以上外墙表面至高跨中柱外边线的水平宽度计算；当高跨为中跨时，其建筑面积按勒脚以上两端山墙外表面间的水平长度乘以中柱外边线的水平宽度计算。

（c）多层建筑物的建筑面积按各层建筑面积的总和计算，其底层按建筑物外墙勒脚以上外围水平面积计算，二层及二层以上按外墙外围水平面积计算。

（d）地下室、半地下室、地下车间、仓库、商店、地下指挥部等及相应出入口的建筑面积按其上口外墙（不包括采光井、防潮层及其保护墙）外围的水平面积计算。

（e）用深基础做地下架空层加以利用，层高超过 2.2m 的，按架空层外围的水平面积的一半计算建筑面积。

（f）坡地建筑物利用吊脚做架空层加以利用且层高超过 2.2m 的，按围护结构外围水平面积计算建筑面积。

（g）穿过建筑物的通道、建筑物内的门厅、大厅，不论其高度如何，均按一层计算建筑面积。门厅、大厅内回廊部分按其水平投影面积计算建筑面积。

（h）图书馆的书库按书架层计算建筑面积。

（i）电梯井、提物井、垃圾道、管道井等均按建筑物自然层计算建筑面积。

（j）舞台灯光控制室按围护结构外围水平面积乘以实际层数计算建筑面积。

（k）建筑物内的技术层，层高超过 2.2m 的应计算建筑面积。

（l）有柱雨篷按柱外围水平面积计算建筑面积；独立柱的雨篷按顶盖的水平投影面积的一半计算建筑面积。

（m）有柱的车棚、货棚、站台等按柱外围水平面积计算建筑面积；单排柱、独立柱的车棚、货棚、站台等按顶盖的水平投影面积的一半计算建筑面积。

（n）突出屋面的有围护结构的楼梯间、水箱间、电梯机房等按围护结构外围水平面积计算建筑面积。

（o）突出墙外的门斗按围护结构外围水平面积计算建筑面积。

（p）封闭式阳台、挑廊，按水平投影面积计算建筑面积，非封闭的阳台按其水平投影面积的一半计算建筑面积。

（q）建筑物墙外有顶盖和柱的走廊、檐廊按柱的外边线水平面积计算建筑面积。无柱的走廊、檐廊按其投影面积的一半计算建筑面积。

（r）两个建筑物间有顶盖的架空通廊，按通廊的投影面积计算建筑面积。无顶盖的架空通廊按其投影面积的一半计算建筑面积。

（s）室外楼梯作为主要通道和用于疏散的均按每层水平投影面积计算建筑面积，楼内有楼梯者室外楼梯按水平投影面积的一半计算建筑面积。

（t）跨越其他建筑物、构筑物的高架单层建筑物，按水平投影面积计算建筑面积，多层者按多层计算。

b．不计算面积的范围：

（a）突出墙面的构配件和艺术装饰，如柱、垛、勒脚、台阶、无柱雨篷等。

（b）检修、消防等用的室外爬梯。

（c）层高在2.2m以内的技术层。

（d）构筑物，如独立烟囱、烟道、油罐、水塔、贮油（水）池、贮仓、圆库、地下人防干、支线等。

（e）建筑物内的操作平台、上料平台及利用建筑物的空间安置箱罐的平台。

（f）没有围护结构的屋顶水箱、舞台及后台悬挂幕布、布景的天桥、挑台等。

（g）单层建筑物内分隔的操作间、控制室、仪表间等单层房间。

（h）层高小于2.2m的深基础地下架空层、坡地建筑物吊脚架空层。

3）分部说明及工程量计算规则

该部分主要介绍了分部工程所包括的主要项目内容，编制中有关问题的说明，定额允许换算和不得换算及允许增减系数的一些规定，特殊情况的处理，各分项工程量计算规则等。它是定额手册的重要部分，是执行定额和进行工程量计算的基础，必须全面掌握。

4）定额项目表

定额项目表是预算定额的主要组成部分，一般由工作内容（分项说明）、定额单位、项目表和附注组成。

工作内容是说明该分项中所包括的主要内容，对次要内容一般不写。该说明一般列在定额项目表的表头左上方。

定额单位一般列在表头的右上方，一般为扩大单位，如10m³、100m²、100m等。

定额项目表是定额的主体部分，其竖向排列为定额编号、项目名称、基价、人工费、材料费、机械费，以及人工、材料和机械消耗量指标；横向排列着项目名称、单位、数量等。用于直接费计算、换算定额单价和工料分析等。

附注在定额项目表的下方，主要说明设计与定额不符时，子项工程进行调整的方法。

5）定额附录（附表）

定额手册最后是附录（附表），它是配合定额使用的不可缺少的重要组成部分，主要包括各种半成品配合比表、装饰材料预算价格表及机械台班单价表等资料，有时还设附件图等，供定额换算、补充使用。

（6）预算定额项目划分和定额编号

1）项目划分

预算定额手册的项目是根据建筑构成、工程内容、施工顺序、使用材料等，按章（分部）、节（分项）、项（子项）排列的。

分部工程（章）是按工程部位 将单位

工程中某些性质相近、材料大致相同的施工对象归在一起。例如《全国统一建筑装饰工程预算定额》共分六章，分别为：楼地面工程；墙柱面工程；天棚工程；门窗工程；油漆、涂料工程；其他工程。目的是便于定额的使用。

分部工程又按工程性质、工程内容、施工方法、使用材料等不同，分成许多分项工程（节）。以便于项目归类和查找。

分项工程再按材料类别、规格及做法不同分若干个子项工程（项）。子项工程是工程的最小单元体，是构成工程的基本要素，是计算工程价值的假定产品。

2）定额编号

为了使编制预算项目和定额项目一致，便于查对，定额的章、节、项等都应有固定的编号，称之为定额编号。定额的编号一般采用二符号或三符号编法。项目号在章内顺序排列，则为二符号编法。如第二章第九项，定额编号为2009或Ⅱ-9；节号在章内顺序排列，项目号在节内顺序排列，则为三符号编法。如第二章、第五节、第六项，定额编号为2-5-6。

不同性质的定额应有不同方法的编号，以便分项取费，防止混淆。

（7）预算定额的使用方法

为了正确地应用预算定额编制施工图预算、办理竣工结算、考核工程成本、计算工料机械的消耗量、合理选择设计方案、做好投标工作等，预算工作人员都应很好地学习预算定额。首先应学习预算定额的总说明、分部说明以及附注、附录等，对说明中指出的编制原则、依据、适用范围、已经考虑和没有考虑的因素，以及其他有关问题的说明和使用方法等，都应通晓和熟记。其次，对常用项目包括的工作内容、计量单位和项目表中的各项内容的实际含义，要通过日常工作实践，逐一加深理解。还要熟记建筑面积计算规则与各分部工程量计算规则，以及有关补充定额的规定。

要正确理解设计要求和施工方法是否与定额内容相符，只有对预算定额、施工图纸及施工作法有了确切的了解，才能正确套用定额，防止错套、重套和漏套，真正做到正确使用定额。

预算定额的使用一般有下列三种情况：

1）预算定额的直接套用

工程项目的设计要求、作法说明、技术特征和施工方法等与定额内容完全相符，且工程量计算单位与定额计量单位相一致，可以直接套用定额。如果部分特征不相符必须进行仔细核对，进一步理解定额，这是正确使用定额的关键。

另外，还要注意定额中用语和符号的含义。如定额中的"以内"、"以下"等用语的含义和定额表中的"（　）"、"—"等符号的含义，都应该理解。

2）预算定额的调整换算

工程作法要求与定额内容不完全相符合，而定额又规定允许调整换算的项目，应根据不同情况进行调整换算。预算定额在编制时，对那些设计和施工中变化多、影响工程量和价差较大的项目，定额均留有活口，允许根据实际情况进行调整和换算。调整换算必须按定额规定进行。

预算定额的调整换算可以分为配合比调整、用量调整、系数调整、增减费用调整、材料单价换算等等。掌握定额的调整换算方法，是对预算员的基本要求之一。

3）预算定额的补充

当设计图纸中的项目，在定额中没有的，可以作临时性的补充。补充的方法一般有两种：

a. 定额代换法。即利用性质相似、材料大致相同、施工方法又很接近的定额项目，将类似项目分解套用或考虑（估算）一定系数调整使用。此种方法一定要在实践中注意观察和测定，合理确定系数，保证定额的精确性，也为以后新编定额项目做准备。

　　b. 定额编制法。材料用量按图纸的构造作法及相应的计算公式计算，并加入规定的损耗率。人工及机械台班使用量，可按劳动定额、机械台班使用定额计算，材料用量按实际确定或经有关技术和定额人员讨论确定。然后乘以人工日工资单价、材料预算价格和机械台班单价，即得到补充定额基价。

┌───┐

小　　结

　　本节首先介绍了建筑装饰工程定额的概念、性质及分类。进一步详细介绍了劳动定额、施工定额、预算定额的概念、作用、组成、内容、编制原则、依据、方法及如何使用定额等基本知识。弄清各种定额之间的联系与区别，并能正确使用。

　　劳动定额是基础定额，它有时间定额和产量定额两种形式。劳动定额的水平是社会平均水平。了解劳动定额时间的构成和质量要求，掌握劳动定额的编制方法和使用方法，为企业实行定额管理打下基础。

　　施工定额是企业用来加强内部管理的一种定额。它由劳动定额、材料消耗定额和机械台班定额组成，它表现为企业成本消耗水平。了解施工定额的构成，学会施工定额的应用，加强工程项目成本管理。

　　预算定额是一种计价定额。除了介绍概念、作用、性质外，还介绍了定额单位及小数点保留的基本原则，人工、材料、机械定额的构成；全面介绍了装饰预算定额总说明和建筑面积计算规则，以及预算定额手册内容、章节划分及编号的确定和定额的使用等。该部分应全面掌握。

└───┘

4.3　建筑装饰工程单价

　　建筑装饰工程单价是以建筑装饰工程预算定额规定的人工、材料和机械台班消耗指标为依据，以货币的形式表示每一子项工程单位价值的标准。即单位假定产品的工程预算单价。它是以地区日工资单价、材料预算价格和施工机械台班单价为基准综合取定的，是确定建筑装饰工程预算造价的基本依据。

4.3.1　定额日工资单价的确定

　　(1) 合理确定定额日工资单价的意义

　　预算定额规定了为完成建筑装饰子项工程所需要的合计工日数量。日工资单价与用工数量相乘，就是子项工程的人工费。人工费是建筑装饰工程预算造价的一个重要组成部分，也是建筑装饰企业支付工人工资的资金来源。因此，正确确定建筑装饰工程中的日工资单价，从而正确计算子项工程的人工费，对合理确定工程造价，促进施工企业实行经济核算等，都有重要的意义。

　　(2) 定额日工资单价，是指直接从事建筑装饰工程施工工人的日基本工资、工资性津贴、生产工人的辅助工资、职工福利费、生产工人劳动保护费之和。

　　1) 基本工资

　　基本工资是指某一等级的工人在单位时间内完成符合有关规范、规程的操作所付出的劳动应领出的工资数额。

　　2) 工资性津贴

　　工资性津贴是指副食品补贴、煤粮差价补贴、上下班交通补贴等工资性的津贴。

　　3) 生产工人辅助工资

生产工人辅助工资是指开会和执行必要的社会义务时间的工资，职工学习、培训期间的工资，调动工作期间的工资和探亲假期间的工资，因气候影响停工的工资，女工哺乳时间的工资，由行政直接支付的病（6个月以内）、产、婚、丧假期的工资，徒工服装补助费等。

4）职工福利费

职工福利费是指按国家规定计算的支付生产工人的职工福利基金和工会经费。

5）生产工人劳动保护费

生产工人劳动保护费是指按国家有关部门规定标准发放的劳动保护用品的购置费、修理费和保健费、防暑降温费等费用。

现行国家装饰定额不分工种和技术等级，采用平均日工资单价，其单价为每工日10.50元，用综合人工数乘以工资单价，即得子项工程的人工费。

例如：1:2水泥砂浆，在填充材料上找平20mm厚，每100m² 用工量为10.82工日，日工资单价为10.50元，每100m² 水泥砂浆找平层人工费为：10.82 × 10.50 = 113.61元。

4.3.2 材料预算价格的确定

（1）合理确定预算价格的意义

建筑装饰材料是进行建筑装饰施工和生产的劳动对象，是构成工程实体的主要因素。建筑装饰工程施工需耗用大量的材料，在工程成本中材料占有很大的比重。因此，合理确定材料预算价格，对提高预算的编制质量，正确反映工程造价，准确地编制基本建设计划和落实投资计划，合理使用建设资金，加强企业经济核算都有十分重要的意义。

材料预算价格具体作用如下：

1）它是编制建筑装饰工程预算定额的基础；

2）它是建设单位与施工单位、加工订货单位结算其供应的材料、成品和半成品价款的依据；

3）它是施工管理部门所属材料供应单位材料出库的计价标准，是对材料经营成果进行核算的依据，同时也是工程成本核算的依据。

由于各地区的材料价格，其来源地、运输距离、经济情况都有很大差别。为了保证预算的准确性，材料的预算价格应按城市和地区进行编制，规定使用范围。

（2）材料预算价格的组成内容

材料预算价格是指材料由来源地或交货地点运到工地仓库或施工现场存放材料地点后的出库价格。它由材料供应价、运杂费和采购保管费三部分组成。

材料预算价格 = 材料供应价 + 运杂费 + 采购保管费

1）材料供应价

材料供应价是指编制材料预算价格时所取定的基础价格。包括材料原价、供销部门经营费和材料包装费三部分。材料供应价根据材料的属性，可以分为下列几种情况：

a.国家或地方主管部门统一定价的材料；

b.国家或地方主管部门实行指导价的材料；

c.按当地材料供应主渠道、主要生产厂家出厂价、市场成交价、施工企业实际采购价等综合取定价格的材料。

2）材料运杂费

材料运杂费是指材料自采购地（或交货地）运至工地仓库或堆放场地为止，全部运输过程中所支出的一切费用。包括运输费、装卸费、经仓库中转费、场外运输损耗及其他有关附加费（调车费、理货费、保险费等）。

3）材料采购保管费

材料采购保管费是指材料供应部门在组织材料采购、供应和保管过程中所需支付的各项费用。其内容包括：采购及保管人员的工资、职工福利费、劳保费、办公费、差旅交通费、固定资产使用费、工具用具使用费、检验实验费、材料储备损耗费和其他零星费用。

材料采购保管费＝（材料供应价＋运杂费）×采购保管费率

采购保管费率按 2.5% 计算。但当建设单位采购并付款，并将材料供应到施工工地仓库时，建设单位计取采购保管费的 60%，施工单位计取采购保管费的 40%；建设单位采购并付款，交提货单由施工企业提运时，建设单位计取采购保管费的 40%，施工单位计取采购保管费的 60%。

4.3.3 机械台班单价的确定

（1）合理确定机械台班单价的意义

机械台班单价是指一台施工机械在正常运转情况下，一个台班中所发生的费用标准。它是编制建筑装饰工程预算的基础之一，也是施工企业对施工机械费用进行成本核算的依据。机械台班单价的高低，直接影响建筑装饰工程造价和企业的经营成果，因此合理地确定机械台班单价，对促进机械化水平的提高和降低工程成本都具有重要的意义。

（2）机械台班单价的组成内容

机械台班单价按其费用性质可分为固定费用和变动费用两部分。

1）固定费用

固定费用是一种比较固定的、经常的，不因施工地区和施工条件的变化而有较大变化的费用。包括机械折旧费、大修理费、经常修理费、替换设备工具及附具费、润滑材料及擦试材料费、安装拆卸及辅助设施费、机械进出场费、机械保管费。

a. 机械折旧费：是指根据机械使用年限，逐年提取的为恢复机械原始价值的费用。机械折旧费应根据机械的预算价格、机械使用总台班、机械残值率等条件确定。

b. 大修理费：是指当机械使用达到规定的大修理间隔台班，为恢复机械使用功能必须进行大修理时所需支出的修理费用。每次大修理平均费用乘以大修理次数，被总台班数去除，即得大修理台班费用。

c. 经常修理费：是指一个大修周期内的中修和定期各级保养所需要的费用。

d. 替换设备、工具附具费：是指为使机械正常运转所需要的附属设备和随机应用的工具、附具的摊销及维护费。

e. 润滑材料及擦试材料费：是指机械运转及日常保养所需要的润滑材料、棉纱、抹布等摊销费。

f. 安装拆卸及辅助设施费：是指施工机械在工地安装、拆卸所需要的人工、材料、机具、试运转费，以及辅助设施费。辅助设施费包括：基础底座、固定锚桩以及行走轨道（折旧）等费用。

g. 机械保管费：是指机械管理部门，保管机械所消耗的费用。如停车库、停机棚的折旧、维护和管理费。这项费用按占机械预算价格的百分比计算。

在施工机械定额中的固定费用，是以货币指标表示的。这种货币指标适用于任何地区，在编制施工机械台班单价计算表时，不能任意改动这种货币指标，也不必重新计算，从定额表中直接转抄所列的货币指标即可。

2）变动费用

变动费用是指只有在机械运转时才发生的费用。它包括机上人员的工资、动力燃料费、养路费及车船使用税等。

a. 机上人员工资：是指机上司机、司炉及其他操作人员的工资。机上操作人员的人数，应按机械性能和操作的需要来确定。人工工资按当地人工工资单价计算。

b. 动力燃料费：是指机械设备在运转使用时所耗用的燃料费用。包括机械所需要的电力、汽油、柴油等。耗用量以实测为主，现行定额耗用量为辅，按规定的公式计算。

c. 养路费、车船使用税等：是按国家有关规定应交纳的养路费和车船使用税等费用。

可变费用在施工机械台班定额中，分别以台班实物消耗量指标和实物单价表示的，这类费用常因施工地点和条件的不同而有较大的变化。

4.3.4 建筑装饰工程单位估价表

(1) 单位估价表的概念和作用

单位估价表是以货币形式表示预算定额中各子项工程预算价值的计算表，又称单位估价表，简称单价表。它是编制施工图预算的基础资料，是编制和审查设计概预算，确定工程造价和办理工程价款、工程结算的主要依据。它是按一个城市或一个地区（或新建工业区）为范围，根据全国（或全省）统一建筑装饰工程预算定额或综合定额及当地建筑装饰工人日工资单价、材料预算价格和机械台班预算单价，用货币的形式（元）表达一个子项工程的单位单价。例如：花岗石楼地面预算单价为 326.03 元/m²；内墙裙贴瓷砖预算单价为 38.97 元/m² 等。单位估价表的每一个单位单价，分别乘以工程量后，就可以得出每一个子项工程的预算价值，从而确定建筑装饰工程的全部直接费用。

单位估价表经当地建委批准后，即为法定的单价，凡在规定区域范围内所有基建和施工部门都必须执行。如需修改补充，应取得批准机关的同意，未经批准不得任意变动。

(2) 单位估价表与预算定额的区别

单位估价表主要来源于预算定额的人工、材料、机械台班数量和人工、材料、机械台班单价，有了上述的量和价，就能编出子项工程单价。确切地说，定额只列工、料、机械台班的消耗量，不列相应单价，所以也无法据以列出子项工程单价，也就不能根据定额编制施工图预算。如果预算定额套用某地区日工资单价、材料预算价格、机械台班单价，那就是某一地区的单位估价表。一般说来。国家预算定额套用北京地区价格；各省预算定额套用省会城市价格，这样省定额和省会城市的单位估价表就融为一体，该估价表的预算单价一般称为预算基价，以便作为其他地区的参考取费。

(3) 单位估价表的编制依据

1) 国家或地区编制的建筑装饰工程预算定额和地区的补充定额；

2) 建筑装饰工人工资单价；

3) 地区装饰材料预算价格；

4) 建筑机械台班预算单价；

5) 有关编制单位估价表的规定。

(4) 单位估价表的主要内容

单位估价表的内容有两大部分组成：一是预算定额规定的工、料及机械台班数量。即合计工日数、各种材料消耗量和施工机械台班消耗量。二是与上述三种"量"相对应的三种价格。即人工日工资单价、材料预算价格和机械台班预算单价。编制单位估价表就是把单位估价表中的三种"量"与三种"价"的因素分别相乘，得出各种费用要素，即人工费、材料费和机械费，最后汇总起来就是工程预算单价。

为了编制、审查和使用的方便，应该把工程预算单价各项费用的依据和计算过程，通过表格形式反映出来，这就是通常所说的单位估价表。单位估价表的表式如表 4-4 所示。

(5) 单位估价汇总表

为了使用方便，在单位估价表编制完成以后，应编制单位估价汇总表。

单位估价汇总表应将单位估价表中的主要内容列入。内容包括：单位估价表编号、工程名称、预算单价、以及其中人工费、材料费、机械费。

在编制单位估价汇总表时，要注意单位的换算。单位估价表是按预算定额编制的，定额计量单位多数是 100m、100m² 等等；而编制预算时，工程量计算单位多数是采用个位单位。因此，为了编制预算套单价的方便，在编制单位估价汇总表时将计量单位变为个位单位。单位估价汇总表见表4-5。

美术字的安装　　　　　　　　　　表4-4

工程内容：包括复印字、字样排列、钻凿墙眼、斩木榫、拼装字样、成品校正、安装、清理等全部操作过程。

单位：10个

定　额　编　号			6034	6035	6036
项　　　　　　目			金属字 0.5m²以内		
			混凝土面	砖墙面	其他面
名　　称	单位	单价	数　　　　量		
基　　价	元		(97.61)	(88.35)	(78.21)
其中	人工费	元		73.63	65.21	55.65
	材料费	元		(19.04)	(19.04)	(19.04)
	机械费	元		4.65	4.10	3.52
综合人工	工日	10.50	7.04	6.21	5.30
材料	美术字（成品）	个	（　）	10.10	10.10	10.10
	铁件	kg	2.90	3.50	3.50	3.50
	木螺钉	百个	1.71	3.06	3.06	3.06
	其他材料费	元		3.66	3.66	3.66
机械	手提电钻	台班	1.76	2.64	2.33	2.00

单位估价汇总表　　　　　　　　　　表4-5

定额编号	项目名称	单位	定　　额　　价				地区价
			基价	人工费	材料费	机械费	预算单价
1056	花岗岩楼地面	m	179.25	2.68	176.10	0.47	326.03
1057	花岗岩楼梯	m	259.61	7.67	250.70	1.22	526.52

小　　结

　　人工日工资单价、材料预算价格和机械台班单价，是计算定额项目的人工费、材料费和机械费的主要依据，也是确定装饰工程直接费的重要依据。工人的日工资标准是由基本工资、工资性津贴、生产工人辅助工资、职工福利费、生产工人劳动保护费组成。定额人工单价为平均日工资单价，装饰定额日工资单价为10.50元。

　　材料预算价格由材料供应价、运杂费和采购及保管组成。了解材料预算价格的组成的计算方法，为能正确使用和编制材料预算价格打下基础。

　　机械台班单价由固定费用和可变费用构成，了解各类费用的构成和性质，有利于定额正确编制和贯彻执行。

　　在了解上述三价基础上，还应了解单位估价表的概念、作用、性质以及预算定额和单位估价表的区别，了解单位估价表的编制依据及内容，掌握"三量"和"三价"的关系，从而为正确使用和编制单位估价表打下基础。

4.4 建筑装饰工程费用

建筑装饰工程费用是指直接发生在建筑装饰工程施工生产过程中的费用，施工企业在组织管理施工生产经营中间接地为工程支出的费用，以及按规定收取的利润和缴纳的税金的总称。

为了统一工程项目的划分，使建筑装饰工程计划、统计、预算和核算的口径一致，一般把建筑装饰工程费用划分为直接工程费、间接费、计划利润和税金四部分。

建筑装饰工程费用的划分如下：

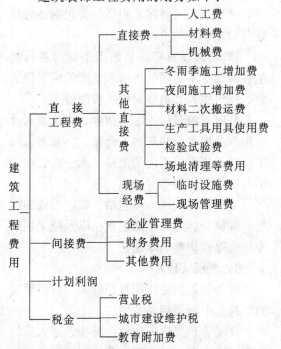

4.4.1 直接工程费

直接工程费是指直接用于建筑装饰工程上的各项费用。它由直接费、其他直接费和现场经费三部分组成。

（1）直接费

直接费是指施工过程中消费的构成工程实体和有助于工程形成的各项费用。它是根据施工图纸所含各子项工程量与综合定额中所列工程单价的乘积计算确定的。直接费包括人工费、材料费、施工机械使用费三部分。

1）人工费

人工费是指直接从事建筑装饰工程施工的生产工人开支的各项费用。人工费中不包括材料管理、采购及保管人员，驾驶施工机械和运输工具的工人，材料到达工地仓库以前的搬运、装卸工人和其他由管理费支付工资的人员的工资。上述人员的工资应分别列入采购保管费、施工机械台班费、材料运输费及施工管理费等项目中去。定额人工费是由建筑装饰工程综合定额规定的人工消耗指标乘定额规定的平均人工工资单价确定的。工程量乘子项人工费含量，即得子项工程人工费，所有子项人工费合计即为工程全部人工费。人工费是支付工人工资的来源。

2）材料费

材料费是指施工过程中耗用的构成工程实体的原材料、辅助材料、构配件、零件、半成品的费用和周转使用材料的摊销（或租赁）费用。定额材料费应按建筑装饰工程综合定额规定的材料用量乘以材料预算价格综合确定。工程量乘子项材料费含量，即得该子项工程材料费，各子项工程材料费合计，即为全部材料费。它不包括应由临时设施费等专用基金支出的材料费。材料费是规定施工企业材料费用消耗的标准。

3）施工机械使用费

施工机械使用费是指使用施工机械作业所发生的机械台班费以及机械安、拆和进出场费用。施工机械使用费是按定额规定的机械台班数量（有时采用实际耗用台班数量）乘以施工机械台班单价计算确定的。工程量乘以子项机械费含量，即为子项工程机械费，机械费合计即为工程全部机械费。它不包括由管理费支出的行政管理用车、测试材料性能的设备费用。施工机械使用费是施工企业机械费用消耗的补偿。

（2）其他直接费

其他直接费是指直接费以外施工过程中所发生的其他费用。主要包括：冬雨季施工增加费、夜间施工增加费、材料二次搬运费、生产工具用具使用费、检验实验费、工程定位复测、工程点交、场地清理费用等。

其他直接费的计算，通常采用人工费乘以规定的其他直接费率确定。其他直接费的计算方法虽按间接办法进行计算，但费用本身就其性质而言，则仍属直接费范畴之内。

1）冬雨季施工增加费

冬雨季施工增加费是指工程在冬季或雨季施工时，为了确保工程质量所采取的各种技术措施及工效降低所发生的费用。内容包括：冬季施工防寒设施的搭设、维护、拆除及摊销费；供热设备折旧、维修以及燃料、动力消耗费；砂浆、混凝土提高强度或增加添加剂增加的费用；人工、机械效率降低以及增加供热、测温和清除积雪等人工费用；雨季施工必须采取防雨施工设施的搭设、维护和摊销费用；人工、机械效率降低以及排除积水（雨水）用工等费用。

2）夜间施工增加费

夜间施工增加费是指因工程结构及施工工艺需要，必须进行夜间施工时所增加的费用。内容包括：照明设施的搭设、维护、拆除和摊销费用，电力消耗费用，夜间施工工效降低及夜餐补贴费用等。

夜间施工增加费不包括为了提前工期而采取夜间施工所发生的费用。

3）材料二次搬运费

材料二次搬运费是指因场地狭小等特殊情况而发生的材料二次搬运费。

4）生产工具用具使用费

生产工具用具使用费是指施工生产所需要的不属固定资产的生产工具、检验、试验、测绘用具等的购置、摊销和维修费，以及付给工人自备工具的补贴。

5）检验试验费

检验试验费是指对材料、构件等进行一

次性鉴定、检查所发生的费用（包括自设实验室进行试验所耗用材料和化学药品费用等），以及技术革新和研究试验费。不包括新结构、新材料的试验费和建设单位要求具有出厂合格证明的材料进行试验和构件进行破坏性试验及其他特殊要求检查试验的费用。

6）场地清理等费用

场地清理等费用是指工程开工前的定位、施工过程中的复测、工程竣工时的点交、施工现场内的清理等费用。

（3）现场经费

现场经费是指施工准备、组织施工生产和管理所消耗的费用。现场经费包括临时设施费和现场管理费两部分。

1）临时设施费是指施工企业为进行建筑装饰施工所必须的生活和生产的临时建筑物、构筑物和其他临时设施费用等。

临时设施包括：临时宿舍、文化福利及公用事业房屋与构筑物，仓库、办公室、加工厂以及规定范围内的道路、水、电管线等临时设施和小型临时设施。

临时设施费用内容包括：临时设施的搭设、维修、拆除费或摊销费，以及施工期间专用公路养护费、维修费。

2）现场管理费

现场管理费是指项目经理部在组织管理施工过程中所消耗的费用。

现场管理费内容包括：现场管理人员的工资、办公费、差旅交通费、固定资产使用费、工具用具使用费、保险费、工程保修费、工程排污费及其他费用等。

4.4.2 间接费

间接费是指施工企业为组织施工生产和经营管理及为工人服务所发生的各项费用。它由企业管理费、财务费和其他费用组成。间接费是直接费的对应名称，由于这些费用不易直接计入单位工程费用内，只能采取间接的办法摊入各单位工程造价中去，故称间接费。

（1）企业管理费

1）企业管理费的概念和作用

企业管理费是建筑装饰企业为了组织施工生产经营活动所发生的各项费用。企业管理费用定额，是由国家或地方根据国家方针政策和各个时期建筑装饰企业生产经营管理的平均水平制定的。它是编制设计概算、施工图预算和办理工程结算的依据，也是推行投资包干和招标承包制以及各种形式的承包责任制，贯彻经济核算与控制各项管理费用开支的依据。它对于确定工程造价和投标总价，改善企业经营管理，控制开支，加强经济核算，降低工程成本以及合理使用国家资金都有重要的作用。

2）企业管理费的内容

a. 企业管理人员的基本工资、工资性津贴及按标准计提的职工福利费；

b. 差旅交通费，是指企业职工因公出差、工作调动的差旅费，住勤补助费，市内交通及误餐补助费，职工探亲路费，劳动力招募费，离退休职工一次性路费及交通工具油料、燃料、牌照、养路费等；

c. 办公费，是指企业办公用文具、纸张、印刷、邮电、书报、会议、水、电、燃煤（气）等费用；

d. 固定资产折旧、修理费，是指企业属于固定资产的房屋、设备、仪器等折旧及维修等费用；

e. 工具用具使用费，是指企业管理使用不属于固定资产的工具、用具、家具、交通工具、检验、试验、消防等的摊销费及维修费用；

f. 工会经费，是指企业按职工工资总额计提的工会经费；

g. 职工教育经费，是指企业为职工学习先进技术和提高文化水平按职工工资总额计提的费用；

h. 劳动保险费，是指企业支付离退休

职工的退休金（包括计提的离退休职工劳保统筹基金）、价格补贴、医药费、异地安家补助费、职工退职金、6 个月以上的病假人员的工资、职工死亡丧葬补助费、抚恤费，按规定支付给离休干部的各项费用；

i. 职工的养老保险费及待业保险费，是指职工退休养老金的积累及按规定标准计提的职工待业保险费；

j. 保险费，是指企业财产保险、管理用车辆等保险费用；

k. 税金，是指企业按规定交纳的房产税、车船使用税、土地使用税、印花税及土地使用费等；

l. 其他，包括技术转让费、技术开发费、业务招待费、排污费、绿化费、广告费、公证费、法律顾问费、审计费、咨询费等。

（2）财务费用

财务费用是指企业经营活动期间为筹集资金而发生的各项费用。包括企业经营期间发生的短期贷款利息净支出、汇兑净损失、调剂外汇手续费，以及企业筹集资金发生的其他费用。

（3）其他费用

其他费用是指按规定支付工程造价（定额）管理部门的定额编制管理费及劳动定额管理部门的定额测定费，以及按有关部门规定支付的上级管理费。

4.4.3 计划利润及税金

（1）计划利润

计划利润是指按规定应计入建筑装饰工程造价的利润。该费用依据不同投资来源或工程类别实施差别利率。即施工难度大、技术要求高、工艺复杂的工程，利率高于一般工程。

计划利润率应为竞争性利润率，在编制投资估算、初步设计概算、施工图预结算及招标标底时，可按规定的利率计入工程造价。施工企业投标报价时，可依据本企业经营管理水平和市场供求情况，在规定计划利润率范围内，自行确定本企业的利润水平。

（2）税金

税金是指按国家规定应计入建筑装饰工程造价内的营业税、城市建设维护税及教育附加费（简称两税一费）。国家为了集中必要的资金，保证重点建设，加强基本建设管理，控制固定资产投资规模，对各施工企业承包工程的收入征收营业税，以及对承建工程单位证收的城市建设维护税和教育附加费。因三项费用以税金费用项目计入了工程造价内，故称代收税金。

施工企业应纳税金额数，应根据税务部门规定，按照计税基础和企业所在地不同规定不同综合税率计算。

小　结

建筑装饰工程费用是确定工程造价的重要依据。掌握费用的组成、内容及取费标准，才能正确使用费用定额，提高预算质量，促进企业经济核算。

本节主要介绍了直接费、间接费、计划利润、税金的内容、性质。充分理解工程造价的费用构成和加强企业管理对降低工程造价成本的重要意义。

结合本地区费用定额的有关规定，正确掌握各项费用的计取方法。

4.5　楼地面工程

4.5.1　定额内容简介

楼地面工程是指在楼地结构层上（新建工程）或在楼地面层上（二次装修）做各种面层及铺设地毯等。本章主要包括楼地找平层、整体面层、块料面层及饰面、扶手、栏杆等，共 132 个子目。

定额项目划分如下：

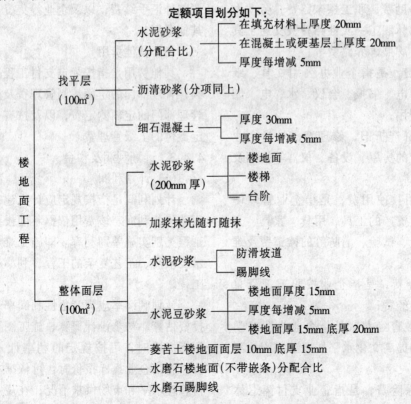

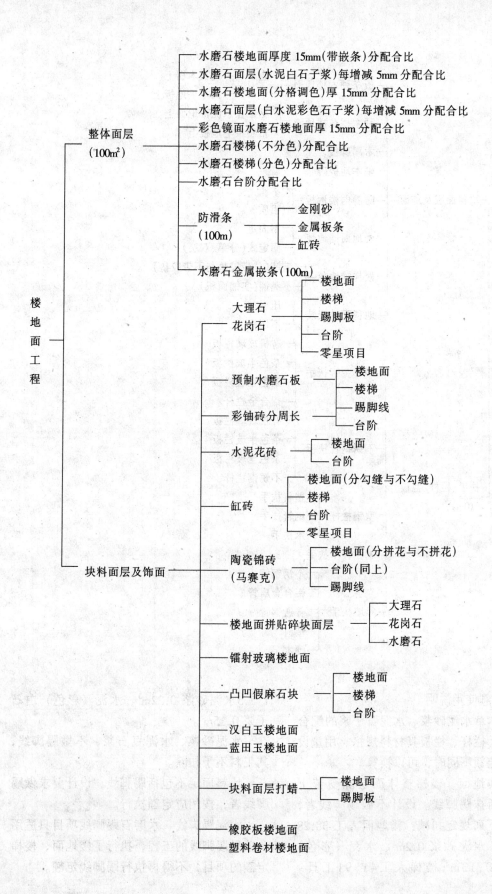

楼地面工程

整体面层（100m²）

水磨石楼地面厚度 15mm(带嵌条)分配合比
水磨石面层(水泥白石子浆)每增减 5mm 分配合比
水磨石楼地面(分格调色)厚 15mm 分配合比
水磨石面层(白水泥彩色石子浆)每增减 5mm 分配合比
彩色镜面水磨石楼地面厚 15mm 分配合比
水磨石楼梯(不分色)分配合比
水磨石楼梯(分色)分配合比
水磨石台阶分配合比

防滑条（100m）
金刚砂
金属板条
缸砖

水磨石金属嵌条（100m）

块料面层及饰面

大理石
花岗石
楼地面
楼梯
踢脚板
台阶
零星项目

预制水磨石板
楼地面
楼梯
踢脚线
台阶

彩铀砖分周长

水泥花砖
楼地面
台阶

缸砖
楼地面(分勾缝与不勾缝)
楼梯
台阶
零星项目

陶瓷锦砖（马赛克）
楼地面(分拼花与不拼花)
台阶(同上)
踢脚线

楼地面拼贴碎块面层
大理石
花岗石
水磨石

镭射玻璃楼地面

凸凹假麻石块
楼地面
楼梯
台阶

汉白玉楼地面
蓝田玉楼地面

块料面层打蜡
楼地面
踢脚板

橡胶板楼地面
塑料卷材楼地面

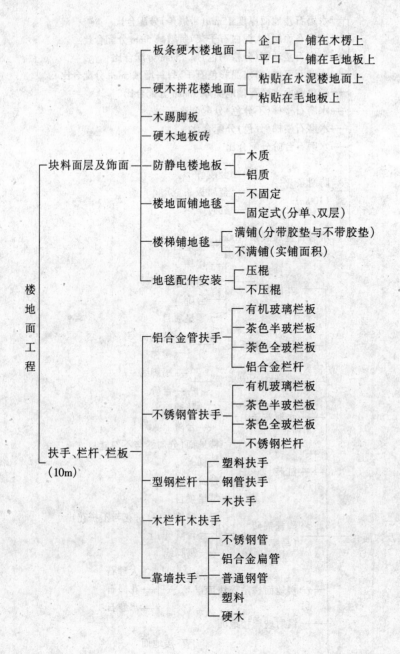

楼地面工程
├─ 块料面层及饰面
│ ├─ 板条硬木楼地面 ─┬─ 企口 ─┬─ 铺在木楞上
│ │   │   └─ 铺在毛地板上
│ │   └─ 平口
│ ├─ 硬木拼花楼地面 ─┬─ 粘贴在水泥楼地面上
│ │   └─ 粘贴在毛地板上
│ ├─ 木踢脚板
│ ├─ 硬木地板砖
│ ├─ 防静电楼地板 ─┬─ 木质
│ │   └─ 铝质
│ ├─ 楼地面铺地毯 ─┬─ 不固定
│ │   └─ 固定式(分单、双层)
│ ├─ 楼梯铺地毯 ─┬─ 满铺(分带胶垫与不带胶垫)
│ │   └─ 不满铺(实铺面积)
│ └─ 地毯配件安装 ─┬─ 压棍
│   └─ 不压棍
└─ 扶手、栏杆、栏板 (10m)
   ├─ 铝合金管扶手 ─┬─ 有机玻璃栏板
   │   ├─ 茶色半玻栏板
   │   ├─ 茶色全玻栏板
   │   └─ 铝合金栏杆
   ├─ 不锈钢管扶手 ─┬─ 有机玻璃栏板
   │   ├─ 茶色半玻栏板
   │   ├─ 茶色全玻栏板
   │   └─ 不锈钢栏杆
   ├─ 型钢栏杆 ─┬─ 塑料扶手
   │   ├─ 钢管扶手
   │   └─ 木扶手
   ├─ 木栏杆木扶手
   └─ 靠墙扶手 ─┬─ 不锈钢管
                ├─ 铝合金扁管
                ├─ 普通钢管
                ├─ 塑料
                └─ 硬木

4.5.2 定额使用说明

(1) 本章水泥砂浆、水泥石子浆的配合比，扶手、栏杆、栏板其材料规格、用量设计规定与定额不同时，可以换算。

(2) 楼地面、楼梯整体面层除菱苦土外，均包括抹踢脚线。设计不做踢脚线者，水磨石按下列规定扣减：楼地面人工 38.28 工日、1:3 水泥砂浆 0.2m³、水泥(彩色)白石子浆 0.13m³；楼梯人工 41.91 工日、1:2.5 水泥砂浆 0.22m³、水泥(彩色)白石子浆 0.15m³。

水泥砂浆、水泥豆石浆，不做踢脚线，其工料不予扣除。

块料面层不包括踢脚线，设计要求做踢脚线者，按相应定额执行。

水泥踢脚线、水磨石踢脚线项目只适用单独做踢脚线的工程，执行了楼地面、楼梯定额的项目，不得再执行踢脚线定额。

（3）踢脚线（板）高度按 300mm 以内综合，超过 300mm 者，按第二章墙裙相应定额执行。

（4）螺旋楼梯的装饰，按相应项目：人工、机械乘系数 1.20；块料用量乘系数 1.10；整体面层、栏杆扶手材料用量乘系数 1.05。

（5）楼梯、台阶不包括防滑条，设计需做防滑条时，按相应定额计算。

（6）菱苦土地面、现浇水磨石定额均包括酸洗打蜡，如设计不要求酸洗打蜡，应扣除定额中的材料及人工 5.06 工日。

块料面层不包括酸洗打蜡，如设计要求酸洗打蜡者，按相应定额执行。

（7）第四节扶手、栏杆、栏板适用范围包括楼梯、走廊、回廊及其他装饰性栏杆、栏板。

（8）块料面层的"零星项目"适用于挑檐天沟、腰线、窗台线、门窗套、栏板、扶手、遮阳板、池槽、阳台、雨篷周边等。本章未列"零星项目"的分项，按第二章柱面相应定额执行。

4.5.3 地面主要分项工程量计算与定额应用

（1）楼地面找平层、面层均按主墙间的净空面积计算。应扣除凸出地面的构筑物、设备基础等不做面层的部分，不扣除柱（包括凸出墙面的附墙垛）、间壁墙以及 0.3m² 以内的孔洞等所占的面积，但门洞空圈开口部分亦不增加。

【例 4-1】 某工程平面如图 4-1 所示，地面贴预制水磨石板，计算其费用。

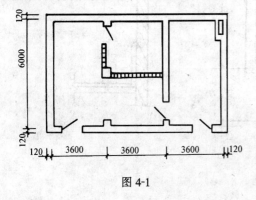

图 4-1

解：工程量 $= (3.6 \times 3 - 0.24 \times 2) \times (6 - 0.24) = 59.44 \text{m}^2$

套 1061，基价 $= 3152.09$ 元/100m²

定额直接费 $= 0.5944 \times 3152.09$
$= 1873.60$ 元

其中人工费 $= 0.5944 \times 237.51 = 141.18$ 元

（2）楼梯面层均以水平投影面积计算。包括踏步、休息平台及宽度在 200mm 以内的楼梯井的面积，不包括楼梯侧面、底面抹灰。侧面抹灰按第二章相应定额执行，底面按天棚相应定额执行。

【例 4-2】 某楼梯平面如图 4-2 所示，顶面铺花岗石板（未考虑防滑条），计算定额直接费。

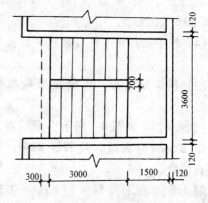

图 4-2

解：花岗石楼梯工程量 $= (0.3 + 3.0 + 1.5 - 0.12) \times (3.6 - 0.24) = 15.72 \text{m}^2$

套 1057，定额直接费 $= 0.1572 \times 25961.32 = 4081.12$ 元

（3）台阶按水平投影面积计算。不包括牵边、侧面装饰，其装饰按展开面积计算，套用相应的零星项目。

【例 4-3】 某工程花岗石台阶如图 4-3 所示，计算定额直接费（翼墙外侧不考虑）。

解：花岗石台阶工程量 $= 4.00 \times (0.9 + 0.3) = 4.80 \text{m}^2$

套 1059，定额直接费 $= 0.048 \times 27871.12$

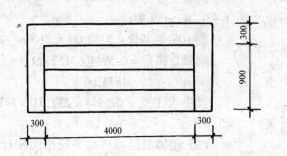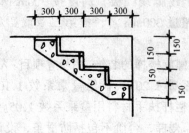

图 4-3

= 1337.81 元

花岗石牵边、侧面工程量 = $0.3 \times (0.9 + 0.3 + 0.15 \times 4) \times 2 + (0.3 \times 3) \times (0.15 \times 4)$（折合）= 1.62m²

套 1060，定额直接费 = $0.0162 \times 20390.49 = 330.33$ 元

（4）扶手带栏板、栏杆按扶手延长米计算。

（5）踢脚线（板）以延长米乘高度计算。

【例 4-4】 如图 4-4 所示房屋平面，室内均贴 200mm 高人造大理石踢脚板，计算定额直接费。

解：踢脚板工程量 = $[(8.00 - 0.24 + 6.00 - 0.24) \times 2 + (4.00 - 0.24 + 3.00 -$

$0.24) \times 2 + 0.12 \times 6 - 1.5 - 0.8 \times 2] \times 0.2 = 7.54m^2$

套 1053，定额直接费 = $0.0754 \times 26402.44 = 1990.74$ 元

4.5.4 人工和材料的估算

楼地面工程项目主要包括：找平层、整体面层、各种块料面层、木地板及地毯等。其工、料可采用实物计算法和定额估算法确定。

（1）实物计算法

1）找平层：找平层分水泥砂浆、沥清砂浆和细石混凝土等项。每 100m² 找平层材料用量按下式计算：

100m² 找平层用量 = $100 \times$ 找平层厚度 $\times$ （1 + 损耗率）

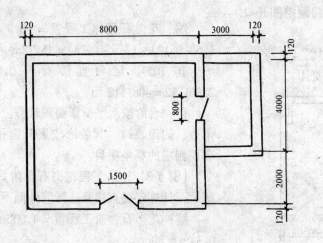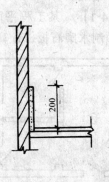

图 4-4

108

【例4-5】 水泥砂浆找平层按规范一般取定为20mm，常用的配合比有：1:2、1:2.5、1:3、1:4，损耗率取定为1%。

每100m² 水泥砂浆用量 = $100 \times 0.02 \times (1 + 1\%) = 2.02m^3$

在硬基层上找平或做细石混凝土找平时，还需涂1mm厚素水泥浆做结合层；沥清砂浆涂冷底子油做结合层，每一遍按沥清:汽油 = 3:7，厚0.13mm；第二遍按沥清:汽油 = 5:5，厚0.16mm。

【例4-6】 按规范素水泥浆结合层为1mm厚，损耗率为1%。每100m² 素水泥浆用量 = $100 \times 0.001 \times (1 + 1\%) = 0.10m^3$

2）整体面层：整体面层主要包括水泥砂浆、水磨石面层等。面层的计算方法同找平层，其厚度取定见表4-6。

水磨石地面一般做法是：底层1:3水泥砂浆找平20mm厚，面层1:1.5或1:2水泥石子浆17mm厚，损耗率1%。

底层每100m² 用量 = $100 \times 0.02 \times (1 + 1\%) = 2.02m^3$

面层取1:2水泥白石子浆17mm厚，另增加2mm厚磨损层，损耗率取6%。

每100m² 用量 = $100 \times (0.017 + 0.002) \times (1 + 6\%) = 2.01m^3$

素水泥浆同【例4-5】。

3）块料面层：块料面层主要包括大理石、花岗石、缸砖、马赛克、地板砖等。每100m² 块料用量、灰缝及结合层的材料用量按下列公式计算：

块料用量 =

$$\frac{100}{(块料长 + 灰缝宽) \times (块料宽 + 灰缝宽) \times (1 + 损耗率)}$$

100m² 结合层用量 = $100 \times$ 结合层厚度 $\times (1 + 压缩系数) \times (1 + 损耗率)$

灰缝用量 = [$100 - (块料长 \times 块料宽 \times 100m²$ 块料净用量)] $\times$ 灰缝深 $\times (1 + 损耗率)$

块料面层材料规格及结合层、灰缝厚度见表4-7。

整体面层定额中砂浆用量计算厚度表　　　　　表4-6

项目名称	厚度（mm）			说明
	底层	面层	总厚	
水泥砂浆面层			20	
一次抹光（加浆）			5	
混凝土面层一次抹光	40	5	45	
水磨石地面	15	12	27	另加磨耗2mm
楼梯水泥砂浆抹面			20	
楼梯水磨石	15	11	26	另加磨耗2mm
水泥砂浆踢脚线	15	10	25	
水磨石踢脚线	15	12	27	另加磨耗2mm
菱苦土踢脚线	15	10	5	
砖、混凝土台阶			20	
剁假石	15	10	25	

大理石和花岗石板分天然和人造的两种，规格不一，品种繁多，在楼地面工程中使用非常广泛。

【例4-7】 如花岗石板规格为500mm×500mm×20mm，损耗率2%，灰缝2mm。

100m² 块料用量 =

$$\frac{100}{(0.5 + 0.002) \times (0.5 + 0.002)} \times (1 + 2\%) =$$

项　目		块料规格	缝宽	缝深	结合层厚	底层厚度
缸砖水泥砂浆结合层	砂浆结合层	150×150×15	2	15	5	20
	沥清结合层	150×150×15	2	15	4	
	马赛克				5	20
	混凝土板	400×400×60	6	60	5	20
	水泥砖	200×200×25	2	25	5	20
	大理石板	500×500×20	1	20	5	20
	菱苦土板	250×250×20	3	20	5	20
	水磨石板地面	305×305×20	2	20	5	20
	水磨石板楼梯面				3	20
	水磨石板踢脚板				3	20

405块

或　花岗石板用量 $= 100 \times (1 + 2\%) = 102 m^2$（包括缝）

找平层采用 1:2 水泥砂浆 20 厚，压实系数为 9%，损耗率为 1%。

$100 m^2$ 砂浆用量 $= 100 \times 0.02 \times (1 + 9\%) \times (1 + 1\%) = 2.20 m^3$

素水泥浆结合层 1mm 厚，损耗率 1%。

素水泥浆用量 $= 100 \times 0.001 \times (1 + 1\%) = 0.10 m^3$

白水泥浆灌缝，损耗率为 1%。

$100 m^2$ 白水泥用量 $=$

$$\left[100 - \frac{100}{(0.5 + 0.002) \times (0.5 + 0.002)} \times 0.5 \times 0.5 \right] \times 0.02 \times (1 + 1\%) = 0.016 m^3$$

【例 4-8】　缸砖规格为 150mm × 150mm × 10mm，损耗率为 2%，1:2 水泥砂浆找平层 10mm，压缩系数 9%，素水泥浆结合层 1mm，损耗率均为 1%，不勾缝，不考虑缝宽。

$$100 m^2 \text{ 缸砖用量} = \frac{100}{0.15 \times 0.15} \times (1 + 2\%)$$
$$= 4534 \text{ 块}$$

或缸砖用量 $= 100 \times (1 + 2\%) = 102 m^2$

1:2 水泥砂浆用量 $= 100 \times 0.01 \times (1 + 9\%) \times (1 + 1\%) = 1.10 m^3$

素水泥浆用量 $= 100 \times 0.001 \times (1 + 1\%)$
$$= 0.10 m^3$$

4）砂浆配合比计算

以上各例都算出砂浆，即半成品或称混合材料体积。实际工作中，很多时候需要知道原材料的数量，需根据配合比进行计算。配合比分体积比和质量比两种。

各种砂浆按体积比计算公式如下：

砂子用量（m^3）$=$

$$\frac{\text{砂子比例数}}{\text{配合比总比例数} - \text{砂子比例数} \times \text{砂子空隙率}}$$

水泥用量（kg）$=$

$$\frac{\text{水泥比例数} \times \text{水泥堆积密度}}{\text{砂子比例数}} \times \text{砂子用量}$$

砂子用量超过 $1 m^3$ 时，按 $1 m^3$ 计取。

砂子密度 2650kg，堆积密度 1550kg，空隙率 41%。

水泥密度 3100kg，堆积密度 1200kg。

白石子密度 2700kg，堆积密度 1500kg，空隙率 44%。

【例 4-9】　水泥砂浆体积比为 1:2.5（水泥:砂子），求材料用量。

$$\text{砂用量} = \frac{2.5}{(1 + 2.5) - 2.5 \times 0.41}$$
$$= 1.124 > 1 m^3，取 1 m^3$$

$$\text{水泥用量} = \frac{1 \times 1200}{2.5} \times 1 = 480 kg$$

【例4-10】 素水泥浆的用水量按水泥量的35%计，求材料用量。

$$水灰比 = 0.35 \times \frac{1200}{1000} = 0.42$$

$$虚体积系数 = \frac{1}{1+0.42} = 0.7042$$

$$水泥浆体积 = 0.7042 \times \frac{1.20}{3.10} = 0.2726m^3$$

$$水泥净体积 = 0.7042 \times 0.42 = 0.2958m^3$$

实体积系数 =

$$\frac{1}{(1+0.42) \times (0.2726 + 0.2958)} = 1.239$$

$$水泥用量 = 1.239 \times 1200 = 1487kg$$

$$用水量 = 1.239 \times 0.42 = 0.52m^3$$

【例4-11】 水泥白石子浆的体积比为1:2.5（水泥:白石子），求材料用量。

$$白石子用量 = \frac{2.5 \times 1500}{(1+2.5) - 2.5 \times 44\%}$$
$$= 1563 > 1500m^3 \quad 取定1500kg$$

$$水泥用量 = \frac{1487}{2.5} = 595kg$$

（2）定额估算法

在正常施工中，有些材料和施工做法要反复使用和经常操作，可以编制成定额手册，规定单位产品用量。在施工中一般用查找定额的方法计算，这种方法称定额估算法。根据《全国统一建筑装饰预算定额》可以估算工料数量。下面举例说明：

【例4-12】 在16m² 的房间里，做1:2 水泥砂浆，20mm 厚找平层，其工料数量计算如下：

解：套定额1005

该房间找平层用工 = 0.16 × 11.8 = 1.89 工日

1:2 水泥砂浆用量 = 0.16 × 2.02 = 0.32m³

素水泥浆用量 = 0.16 × 0.1 = 0.016m³

【例4-13】 某大厅128m²，铺贴花岗石板，计算工料数量。

解：套定额1056

大厅用工 = 1.28 × 20.57 = 26.33 工日

花岗石板用量 = 1.28 × 102 = 130.56m²

1:2 水泥砂浆用量 = 1.28 × 2.2 = 2.82m³

从以上两例可以看出：定额估算法简便、快速，项目清楚，工料机全面。但如果遇到新项目、新材料时，则没有项可套。如果施工做法不同或不熟悉定额，很容易套错。所以要求同学们两种方法都掌握。

小　　结

本节主要包括了楼地面结构层上（新建工程）及楼地面层上（二次装饰工程）的找平层、整体面层、块料面层及饰面，列有楼地面、楼梯、踢脚板、台阶、扶手、栏板等项目。详细叙述了定额的使用说明和调整方法，主要分项工程量计算与定额应用，人工和材料的估算等。

楼地面找平层、面层按主墙间净面积计算，大的扣、小的不扣也不加。楼梯、台阶按投影面积计算，扣除大于200mm 宽的楼梯井面积。踢脚线按净面积计算。

4.6 墙柱面工程

4.6.1 定额内容简介

墙柱面工程是指用于室内外墙面、柱面的装饰抹灰及各种块料镶贴和饰面等。主要包括一般抹灰、装饰抹灰、镶贴块料面层及饰面、隔墙（间壁）、隔断等。共241 个子目。

定额项目划分如下：

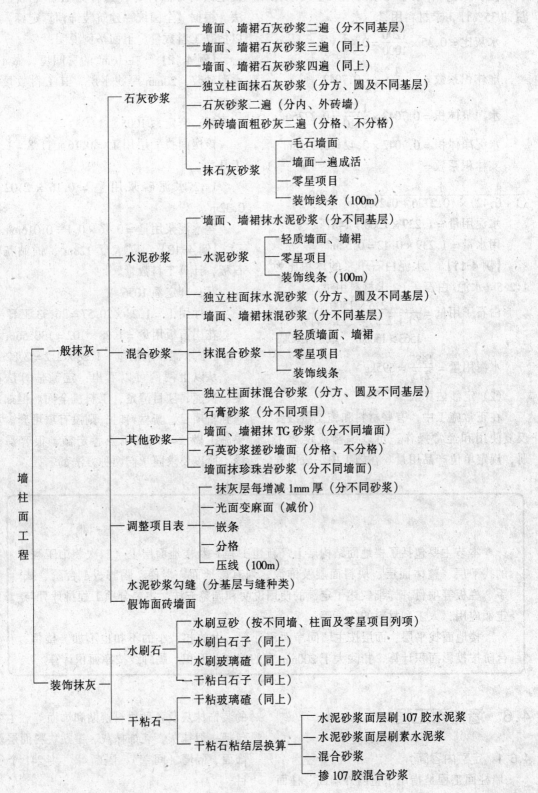

墙柱面工程
- 一般抹灰
  - 石灰砂浆
    - 墙面、墙裙石灰砂浆二遍（分不同基层）
    - 墙面、墙裙石灰砂浆三遍（同上）
    - 墙面、墙裙石灰砂浆四遍（同上）
    - 独立柱面抹石灰砂浆（分方、圆及不同基层）
    - 石灰砂浆二遍（分内、外砖墙）
    - 外砖墙面粗砂灰二遍（分格、不分格）
    - 抹石灰砂浆
      - 毛石墙面
      - 墙面一遍成活
      - 零星项目
      - 装饰线条（100m）
  - 水泥砂浆
    - 墙面、墙裙抹水泥砂浆（分不同基层）
    - 水泥砂浆
      - 轻质墙面、墙裙
      - 零星项目
      - 装饰线条（100m）
    - 独立柱面抹水泥砂浆（分方、圆及不同基层）
  - 混合砂浆
    - 墙面、墙裙抹混砂浆（分不同基层）
    - 抹混合砂浆
      - 轻质墙面、墙裙
      - 零星项目
      - 装饰线条
    - 独立柱面抹混合砂浆（分方、圆及不同基层）
  - 其他砂浆
    - 石膏砂浆（分不同项目）
    - 墙面、墙裙抹 TG 砂浆（分不同墙面）
    - 石英砂浆搓砂墙面（分格、不分格）
    - 墙面抹珍珠岩砂浆（分不同墙面）
  - 调整项目表
    - 抹灰层每增减 1mm 厚（分不同砂浆）
    - 光面变麻面（减价）
    - 嵌条
    - 分格
    - 压线（100m）
  - 水泥砂浆勾缝（分基层与缝种类）
  - 假饰面砖墙面
- 装饰抹灰
  - 水刷石
    - 水刷豆砂（按不同墙、柱面及零星项目列项）
    - 水刷白石子（同上）
    - 水刷玻璃碴（同上）
    - 干粘白石子（同上）
  - 干粘石
    - 干粘玻璃碴（同上）
    - 干粘石粘结层换算
      - 水泥砂浆面层刷 107 胶水泥浆
      - 水泥砂浆面层刷素水泥浆
      - 混合砂浆
      - 掺 107 胶混合砂浆

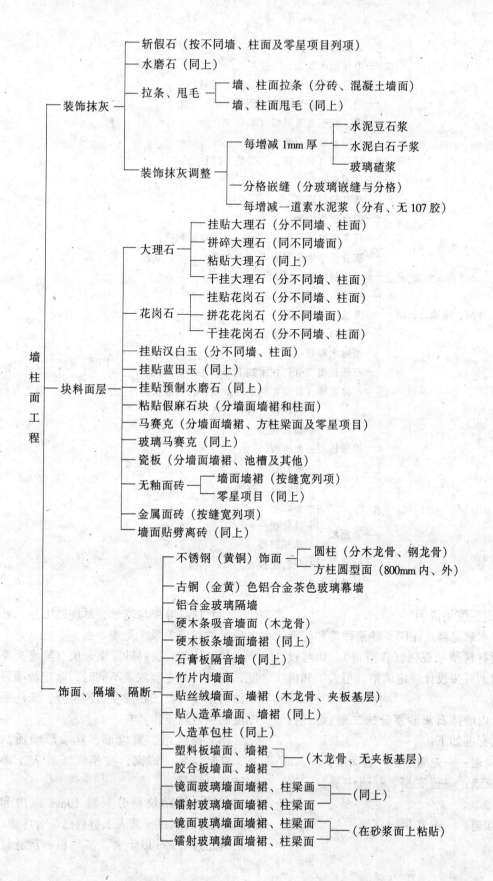

墙柱面工程

装饰抹灰
- 斩假石（按不同墙、柱面及零星项目列项）
- 水磨石（同上）
- 拉条、甩毛
  - 墙、柱面拉条（分砖、混凝土墙面）
  - 墙、柱面甩毛（同上）
- 装饰抹灰调整
  - 每增减1mm厚
    - 水泥豆石浆
    - 水泥白石子浆
    - 玻璃碴浆
  - 分格嵌缝（分玻璃嵌缝与分格）
  - 每增减一道素水泥浆（分有、无107胶）

块料面层
- 大理石
  - 挂贴大理石（分不同墙、柱面）
  - 拼碎大理石（同不同墙面）
  - 粘贴大理石（同上）
  - 干挂大理石（分不同墙、柱面）
- 花岗石
  - 挂贴花岗石（分不同墙、柱面）
  - 拼花花岗石（分不同墙面）
  - 干挂花岗石（分不同墙、柱面）
- 挂贴汉白玉（分不同墙、柱面）
- 挂贴蓝田玉（同上）
- 挂贴预制水磨石（同上）
- 粘贴假麻石块（分墙面墙裙和柱面）
- 马赛克（分墙面墙裙、方柱梁面及零星项目）
- 玻璃马赛克（同上）
- 瓷板（分墙面墙裙、池槽及其他）
- 无釉面砖
  - 墙面墙裙（按缝宽列项）
  - 零星项目（同上）
- 金属面砖（按缝宽列项）
- 墙面贴劈离砖（同上）

饰面、隔墙、隔断
- 不锈钢（黄铜）饰面
  - 圆柱（分木龙骨、钢龙骨）
  - 方柱圆型面（800mm内、外）
- 古铜（金黄）色铝合金茶色玻璃幕墙
- 铝合金玻璃隔墙
- 硬木条吸音墙面（木龙骨）
- 硬木板条墙面墙裙（同上）
- 石膏板隔音墙（同上）
- 竹片内墙面
- 贴丝绒墙面、墙裙（木龙骨、夹板基层）
- 贴人造革墙面、墙裙（同上）
- 人造革包柱（同上）
- 塑料板墙面、墙裙
- 胶合板墙面、墙裙
  - （木龙骨、无夹板基层）
- 镜面玻璃墙面墙裙、柱梁画
- 镭射玻璃墙面墙裙、柱梁面
  - （同上）
- 镜面玻璃墙面墙裙、柱梁面
- 镭射玻璃墙面墙裙、柱梁面
  - （在砂浆面上粘贴）

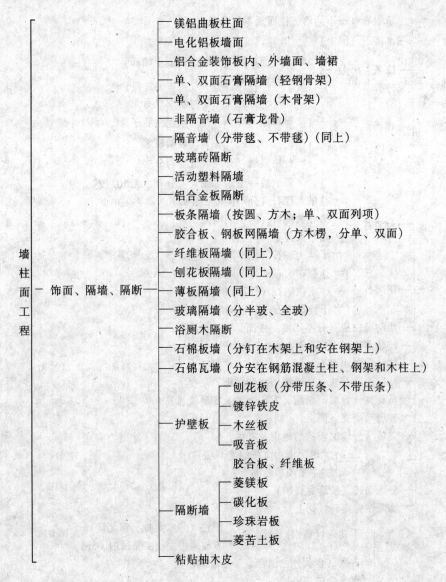

墙柱面工程 ── 饰面、隔墙、隔断 ──

镁铝曲板柱面
电化铝板墙面
铝合金装饰板内、外墙面、墙裙
单、双面石膏隔墙（轻钢骨架）
单、双面石膏隔墙（木骨架）
非隔音墙（石膏龙骨）
隔音墙（分带毯、不带毯）（同上）
玻璃砖隔断
活动塑料隔墙
铝合金板隔断
板条隔墙（按圆、方木；单、双面列项）
胶合板、钢板网隔墙（方木楞，分单、双面）
纤维板隔墙（同上）
刨花板隔墙（同上）
薄板隔墙（同上）
玻璃隔墙（分半玻、全玻）
浴厕木隔断
石棉板墙（分钉在木架上和安在钢架上）
石锦瓦墙（分安在钢筋混凝土柱、钢架和木柱上）

护壁板 ──
刨花板（分带压条、不带压条）
镀锌铁皮
木丝板
吸音板

胶合板、纤维板

隔断墙 ──
菱镁板
碳化板
珍珠岩板
菱苦土板

粘贴柚木皮

4.6.2　定额使用说明

（1）本章定额凡注明了砂浆种类和配合比、饰面材料型号规格（含型材），如与设计不同时，可按设计规定调整，但人工和机械不变。

（2）内墙抹石灰砂浆分抹二遍、三遍、四遍，其标准如下：

1）二遍：一遍底层、一遍面层；

2）三遍：一遍底层、一遍中层、一遍面层；

3）四遍：一遍底层、一遍中层、二遍面层。

（3）抹灰等级与遍数、厚度、工序、外观质量的对应关系，见表4-8。

（4）抹灰、块料砂浆结合层（灌缝）厚度，如设计与定额取定不同时，除定额项目中注明厚度可以按相应项目调整外，未注明厚度的项目均不作调整。

（5）圆弧形、锯齿形、复杂形墙面抹灰，镶贴块料、饰面，按相应项目人工乘1.15系数计算。

（6）外墙贴块料分灰缝10mm以内和20mm以内的项目，其人工材料已综合考虑，如灰缝超过20mm以上者，其块料、灰缝材料用量允许调整，但人工、机械不变。

（7）定额木材种类除注明者外，均以一、二类木种为准，如采用三、四类木种者（含木基层），人工：隔墙乘系数 1.2；木墙裙等项目乘系数 1.40 计算。

（8）隔墙（间壁）、隔断、墙面、墙裙等采用的木龙骨与设计图纸规格不同时，可按表 4-9 换算（木龙骨均以毛料计算），但人工、机械不变。

抹灰等级与遍数、厚度、工序、外观质量的对应表　　　　表 4-8

名　称	普 通 抹 灰	中 级 抹 灰	高 级 抹 灰
遍　数	二　遍	三　遍	四　遍
厚度不大于	18mm	20mm	25mm
主要工序	分层赶平、修整，表面压光	阳角找方，设置标筋，分层赶平、修整，表面压光	阴阳角找方，设置标筋，分层赶平、修整，表面压光
外观质量	表面光滑、洁净，接槎平整	表面光滑，洁净，接槎平整，灰线清晰顺直	表面光滑，洁净，颜色均匀，无抹纹，灰线平直方正、清晰

墙面、墙裙饰面基层木龙骨各种规格含量表　　　　表 4-9

顺　序	项 目 名 称	规格（mm）	距 中 （mm）	每 100m² 含量（m³）
一	双向木龙骨	24 × 30	450 × 450	0.387
	双向木龙骨	25 × 40	450 × 450	0.537
	双向木龙骨	30 × 40	450 × 450	0.645
	双向木龙骨	40 × 40	450 × 450	0.860
	双向木龙骨	40 × 50	450 × 450	1.075
二	单向木龙骨	24 × 30	450 × 450	0.200
	单向木龙骨	25 × 40	450 × 450	0.277
	单向木龙骨	30 × 40	450 × 450	0.333
	单向木龙骨	25 × 50	450 × 450	0.347
	单向木龙骨	40 × 40	450 × 450	0.444
	单向木龙骨	40 × 50	450 × 450	0.555
三	双向木龙骨	24 × 30	500 × 500	0.343
	双向木龙骨	25 × 40	500 × 500	0.477
	双向木龙骨	30 × 40	500 × 500	0.572
	双向木龙骨	25 × 50	500 × 500	0.596
	双向木龙骨	40 × 40	500 × 500	0.763
	双向木龙骨	40 × 50	500 × 500	0.953
四	单向木龙骨	24 × 30	500 × 500	0.175
	单向木龙骨	25 × 40	500 × 500	0.243
	单向木龙骨	30 × 40	500 × 500	0.291
	单向木龙骨	25 × 50	500 × 500	0.303
	单向木龙骨	40 × 40	500 × 500	0.388
	单向木龙骨	40 × 50	500 × 500	0.485

（9）饰面、隔墙（间壁）、隔断定额内，凡未包括有压条、下部收边、装饰线（板）的，如设计要求者，应按第六章"其他工程"相应定额套用。

（10）饰面、隔墙（间壁）、隔断定额木基层均未含防火油漆，如设计要求者，应按第五章相应定额套用。

（11）幕墙、隔墙（间壁）、隔断，所用的轻钢、铝合金龙骨，如设计要求与定额用量不同时，允许调整，但人工、机械不变。

（12）玻璃幕墙上，如设计有平、推拉窗者，计算幕墙面积时，应扣除窗洞面积，平、推拉窗应按第四章相应定额套用。

（13）块料壤贴和装饰抹灰工程的"零星项目"适用于挑檐、天沟、腰线、窗台线、门窗套、压顶、栏杆、栏板、扶手、遮阳板、池槽、阳台、雨篷周边等。

（14）一般抹灰工程的"零星项目"适用于各种壁柜、碗柜、过人洞、暖气窝、池槽、花台以及 $1m^2$ 以内的其他各种零星抹灰。抹灰工程的装饰线条适应于门窗套、挑檐、腰线、压顶、遮阳板、楼梯边梁、宣传栏边框等项目的抹灰，以及突出墙面或灰面且展开宽度在 300mm 以内的竖横线条抹灰。

4.6.3 主要分项工程计算与定额应用

（1）内墙面抹灰

1）内墙面、墙裙抹灰面积应扣除门窗洞口和 $0.3m^2$ 以上的空圈所占的面积，且门窗洞口、空圈、孔洞的侧壁面积亦不增加，不扣除踢脚线、挂镜线及 $0.3m^2$ 以内的孔洞和墙与构件交接处的面积。附墙柱的侧面抹灰应并入墙面、墙裙抹灰工程量内计算。墙面、墙裙的长度以主墙间的图示净长计算，墙面高度按室内地坪至天棚底面净高度计算，墙裙抹灰高度按室内地坪上的图示高度计算。墙面抹灰面积应扣除墙裙抹灰面积。

2）钉板天棚（不包括灰板条天棚）的内墙抹灰，其高度自楼、地面至天棚底面另加 200mm 计算。

3）砖墙中的钢筋混凝土梁、柱侧面抹灰，按砖墙抹灰定额计算。

【例4-14】 某工程如图4-5所示，内墙面抹石灰砂浆三遍（20厚）。内墙裙采用1:3水泥砂浆打底（19厚），1:2.5水泥砂浆面层（6厚），求内墙面抹灰定额直接费。

解： a. 内墙工程量 $= [(4.50 \times 3 - 0.24 \times 2 + 0.12 \times 2) \times 2 + (5.40 - 0.24) \times 4] \times (3.90 - 0.10 - 0.90) - 1.00 \times (2.70 - 0.90) \times 4 - 1.50 \times 1.80 \times 4 = 118.76m^2$

套 2005、2057，基价 $= 360.13 + 11.38 \times 2 = 382.89$ 元/100m²

定额直接费 $= 1.1876 \times 382.89 = 454.72$ 元

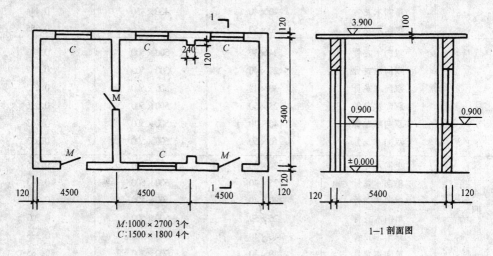

$M:1000 \times 2700$ 3个
$C:1500 \times 1800$ 4个

1—1 剖面图

图 4-5

b. 内墙裙工程量 $= [(4.50 \times 3 - 0.24 \times 2 + 0.12 \times 2) \times 2 + (5.40 - 0.24) \times 4 - 1.00 \times 4] \times 0.90 = 38.84 \text{m}^2$

套 2025、2058，基价 $= 482.61 + 20.81 \times 5 = 586.66$ 元/100m^2

定额直接费 $= 0.3884 \times 586.66 = 227.86$ 元

直接费合计 $= 454.72 + 227.86 = 682.58$ 元

（2）外墙面抹灰

1）外墙面抹灰面积，按垂直投影面积计算，应扣除门窗洞口、外墙裙和孔洞所占面积，不扣除 0.3m^2 以内的孔洞所占的面积，门窗洞口及孔洞侧壁面积亦不增加。附墙柱侧面抹灰面积应并入外墙面抹灰工程量内。

2）外墙裙抹灰按展开面积计算，扣除门窗洞口和孔洞所占的面积，但门窗洞口及孔洞的侧壁面积亦不增加。

【例 4-15】 某工程如图 4-6 所示，外墙面抹水泥砂浆，外墙裙水刷白石子（分格），厚度均与定额规定相同，计算外墙面抹灰定额直接费。

解：a. 外墙面水泥砂浆工程量 $= (6.48 + 4.00) \times 2 \times (3.6 - 0.10 - 0.90) - 1.00 \times (2.50 - 0.90) - 1.20 \times 1.50 \times 5 = 43.90 \text{m}^2$

套 2025，定额直接费 $= 0.439 \times 482.61 = 211.87$ 元

b. 外墙裙水刷白石子工程量 $= [(6.48 + 4.00) \times 2 - 1.00] \times 0.90 = 17.96 \text{m}^2$

套 2076、2112，基价 $= 1022.35 + 66.47 = 1088.82$ 元/100m^2

定额直接费 $= 0.1796 \times 1088.82 = 195.55$ 元

直接费合计 $= 211.87 + 195.55 = 407.42$ 元

（3）独立柱

1）柱抹灰、镶贴块料面积按结构断面周长乘装饰高度计算。

2）其他柱饰面面积按外围饰面尺寸乘装饰高度计算。

柱帽、柱墩工程量并入相应柱面积内。每 10 个柱帽或柱墩增加人工：抹灰 2.5 工日，块料 3.8 工日，饰面 5.0 工日。

【例 4-16】 某单位大门砖柱 4 根，砖柱尺寸如图 4-7 所示，面层贴玻璃马赛克，计算定额直接费。

解：柱面工程量 $= [(0.6 + 1.0) \times 2 \times 2.2 + (0.76 + 1.16) \times 2 \times 0.4 \times 2 + (0.68 + 1.08) \times 2 \times 0.08 \times 2] \times 4 = 42.70 \text{m}^2$

套 2154，基价 $= 2787.10$ 元/100m^2

增加人工费 $= 2 \times 4/10 \times 3.8 \times 10.50 = 31.92$ 元

定额直接费 $= 0.427 \times 2787.00 + 31.92 = 1222.01$ 元

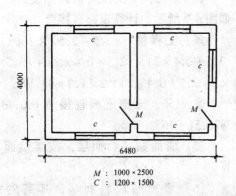

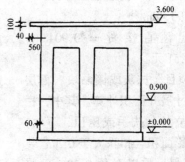

M：1000×2500
C：1200×1500

图 4-6

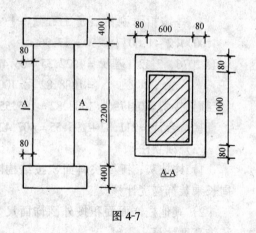

图 4-7

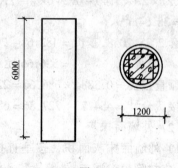

图 4-8

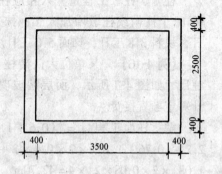

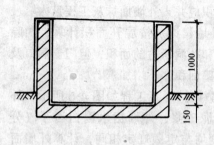

图 4-9

【例 4-17】 木龙骨不锈钢柱面尺寸如图 4-8 所示,共 4 根,求柱饰面定额直接费。

解: 方柱圆型不锈钢面工程量 = 1.20 × 3.14 × 6.00 × 4 = 90.48m²

套 2174, 定额直接费 = 0.9048 × 23176.96 = 20970.51 元

(4) "零星项目"抹灰或镶贴块料面层均按设计图示尺寸展开面积计算。其中,栏板、栏杆(包括立柱、扶手或压顶、下坎)按外立面垂直投影面积(扣除大于 0.3m² 装饰孔洞所占的面积)乘以系数 2.20,砂浆种类不同时,应分别按展开面积计算。

【例 4-18】 某工程挑檐如图 4-6 所示,水刷白石子,计算定额直接费。

解: 挑檐水刷石工程 = [(6.48 + 4.00) ×

2 + 0.60 × 8] × (0.10 + 0.04) = 3.61m²

套 2079, 定额直接费 = 0.0361 × 1595.44

= 57.60m²

【例 4-19】 某浴池内外贴瓷砖,尺寸如图 4-9 所示,计算定额直接费。

解: 工程量 = (3.5 + 2.5) × 2 × 1.15 + (3.5 + 0.4 × 2) × (2.5 + 0.4 × 2) + (3.5 + 0.4 × 2 + 2.5 + 0.4 × 2) × 2 × 1.0 = 43.19m²

套 2156, 池槽定额直接费 = 0.4319 × 3826.51 = 1652.67 元

(5) 墙面贴块料面层,按实贴面积计算。

(6) 墙裙贴块料面层,其高度大于 1500mm 或小于 300mm 时,分别套用墙面定额或楼地面工程中的踢脚板定额。

【例 4-20】 某工程外墙裙贴挂花岗石

板，如图 4-10 所示，高度 1200mm，门口宽为 1000mm，计算定额直接费。

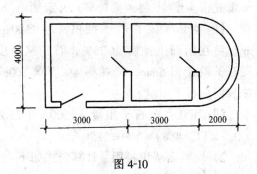

图 4-10

解：1）平直墙面工程量 = (6×2＋4－1.0＋0.08×2)×1.2 = 18.19m²

套 2127，定额直接费 = 0.1819×19861.73 = 3612.85 元

2）圆弧形墙面工程量 = 2×3.14×1.2 = 7.54m²

套 2127（换）基价 = 19861.73＋1172.75×0.15 = 20037.64 元/100m²

定额直接费 = 0.0754×20037.64 = 1510.84 元

定额直接费合计 = 3612.85＋1510.84 = 5123.69 元

（7）木隔墙、墙裙、护壁板均按墙的净长乘净高计算，扣除门窗及 0.3m² 以上的孔洞面积。

（8）隔墙立楞（龙骨）所需的垫木、木砖及预留门窗洞口加楞均包括在定额内。

【例 4-21】 某墙面工程贴丝绒墙面 500mm×1000mm，共 16 块，胶合板墙裙 13m，净高 0.9m，计算定额直接费。

解：1）丝绒墙面工程量 = 0.50×1.00×16 = 8m²

套 2182，定额直接费 = 0.08×4484.91 = 358.79 元

2）胶合板墙裙工程量 = 13×0.9 = 11.70m²

套 2186，定额直接费 = 0.117×4505.16 = 527.10 元

【例 4-22】 如图 4-11 所示胶合板（双面）间壁墙，门口尺寸为 900mm×2000mm，镜面玻璃柱面，计算定额直接费。

解：1）间壁墙工程量 = (6.00－0.24)×3－0.9×2 = 15.48m²

套 2216，定额直接费 = 0.1548×5580.41 = 863.85 元

2）柱面工程量 = 0.40×4×3 = 4.80m²

套 2189，定额直接费 = 0.048×17539.22 = 841.88 元

（9）半玻隔墙系指上部为玻璃隔墙，下部为砖墙或其他隔墙，应分别计算工程量，分别套用定额。玻璃隔墙，其高度以上横档顶面至下横档底面，宽度按两边立挺外边以平方米计算。

（10）厕浴木隔断，其高度自下横档底面算至上横档顶面以平方米计算，门扇面积

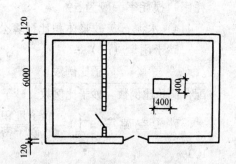

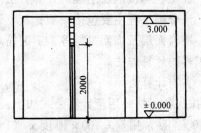

图 4-11

并入隔断面积内计算。

(11) 铝合金隔墙、幕墙均以框外围面积计算。隔墙、幕墙中设计有门窗者，应扣除门窗洞口边框以内面积。门窗另套相应项目。

【例 4-22】 某工程设计为古铜铝合金、茶色玻璃幕墙，长 18m，高 15m，计算幕墙定额直接费。

解： 幕墙工程量 $= 18 \times 15 = 270.00m^2$

套 2175，定额直接费 $= 2.70 \times 31958.82$
$= 86288.81$ 元

【例 4-23】 某铝合金隔墙长 6m，净高 2.9m，其中有一铝合金平开门，框外围尺寸为 900mm×2000mm，计算定额直接费。

解： 隔墙工程量 $= 6.00 \times 2.90 - 0.90 \times 2.00 = 15.60m^2$

套 2127，定额直接费 $= 0.156 \times 11153.93 = 1740.01$ 元

平开门工程量 $= 0.90 \times 2.00 = 1.80m^2$

套 4030，定额直接费 $= 0.018 \times 7318.28$
$= 131.73$ 元

注：这里没有考虑平开门制作费用。

(12) 一般抹灰工程装饰线条以图示延长米计算。其中，楼梯侧边有边梁者其抹灰长度乘以 2.1 的系数计算。门窗套、挑檐、遮阳板等展开宽度超过 300mm 者，其抹灰长度乘以 1.8 的系数计算。展开宽度在 300mm 以内者，不论多宽均不调整。

4.6.4 人工和材料的估算

墙、柱工程与楼地面工程的计算方法基本相同。该分部工程主要包括一般抹灰、装饰抹灰、块料面层及饰面材料等，下面简单介绍其工料的计算方法。

(1) 实物计算法

1) 抹灰各层材料用量计算公式如下：

每 100m² 砂浆用量 $= 100 \times$ 厚度 $\times (1 +$ 损耗率$)$

注：压实系数在配合比中考虑。

或 砂浆定额用量 $=$

$$\frac{砂（砾）密度 - 砂（砾）堆积密度 \times 压实系数}{砂（砾）密度}$$
$$\times 填充密实度 \times (1 + 损耗率) \times 定额单位$$

【例 4-24】 白石子推积密度 1500kg/m³，粘在墙面上空隙为 25%，石子浆厚度同石子粒径为 5mm，损耗率 4%。求 100m² 抹灰面白石子用量。

解： 100m² 白石子用量 $= 1500 \times 0.75 \times 0.005 \times (1 + 4\%) \times 100 = 585$kg

2) 块料面层块料用量计算公式如下：

100m² 块料用量 $=$

$$\frac{100}{(块长 + 拼缝) \times (块宽 + 拼缝)} \times (1 + 损耗率)$$

【例 4-25】 石膏板规格为 500mm×500mm，其拼缝宽度为 2mm，损耗率 1%，求 100m² 需用块数。

解： 100m² 块料用量 $=$

$$\frac{100}{(0.5 + 0.002)(0.5 + 0.002)} \times (1 + 0.01)$$
$$= 401 块$$

【例 4-26】 釉面砖规格为 152mm×152mm，缝宽 1mm，损耗率为 1%，求 100m² 用量。

解： 100m² 块料数量 $=$

$$\frac{100}{(0.152 + 0.001) \times (0.152 + 0.001)} \times (1 + 0.01) = 4315（块）$$

3) 隔墙竖向龙骨数量（m）=（隔墙长度÷龙骨间距+1）×隔墙高度×（1+损耗率）损耗率一般为 5%。

4) 水泥石灰砂浆体积比计算公式如下：

砂子用量（m³）$=$

$$\frac{砂子比例数}{配合比总比例数 - 砂子比例数 \times 砂子空隙率}$$

$$砂子空隙率 = \left(1 - \frac{砂子堆积密度}{砂子密度}\right) \times 100\%$$

水泥用量（kg）$=$

$$\frac{水泥比例数 \times 水泥堆积密度}{砂子比例数} \times 砂子用量$$

石灰膏用量（m³）=

$$\frac{石灰膏比例数}{砂子比例数} \times 砂子用量$$

【例 4-27】 水泥石灰砂浆配合比为 1:0.3:4（水泥:石灰膏:砂），求材料用量。

解：砂子空隙率 $= \left(1 - \dfrac{1550}{2650}\right) \times 100\%$

$$= 41\%$$

砂子用量 $= \dfrac{4}{(1+0.3+4)-4\times0.41}$

$$= 1.093\text{m}^3 > 1\text{m}^3 \quad 取\ 1\text{m}^3$$

水泥用量 $= \dfrac{1 \times 1200}{4} \times 1 = 300\text{kg}$

石灰膏用量 $= \dfrac{0.3}{4} \times 1 = 0.075\text{m}^3$

1m³ 石灰膏需用生石灰重为 600kg，则生石灰用量 $= 0.075 \times 600 = 45\text{kg}$。

5）水泥砂浆用料计算公式如下：

石子用量 =

$$\frac{石子堆积密度 \times 石子比例数}{配合比总比例数 \times 石子空隙率}$$

水泥用量 =

$$\frac{每立方米密实体积水泥浆的水泥用量}{石子比例数}$$

砂浆分层厚度、总厚度、种类及配合比参见表 4-10。

（2）定额计算法

【例 4-28】 某宿舍楼每个厕所墙裙瓷板面积为 12m²，计算工料数量。

解：套定额 2155

需用人工 $= 0.12 \times 73.49 = 8.82$ 工日

1:3 水泥砂浆 $= 0.12 \times 1.11 = 0.13\text{m}^3$

152×152 瓷板 $= 0.12 \times 4.448 = 0.54$ 千块

107 胶 $= 0.12 \times 2.62 = 0.31\text{kg}$

砂浆厚度及配合比参考表　　　　　　　　表 4-10

项　　　目		底　　层		中　　层		面　　层		总厚度
		砂　浆	厚　度	砂　浆	厚　度	砂　浆	厚　度	
中级石灰砂浆	砖　墙	石灰砂浆 1:3	9	石灰砂浆 1:3	9	麻刀灰浆	2	20
	混凝土墙	混合砂浆 1:3:9	8	混合砂浆 1:3:9	8	麻刀灰浆	2	18
	板条及其他	麻刀灰浆	9	石灰砂浆 1:2.5	7	麻刀灰浆	2	18
混合砂浆	砖　墙	混合砂浆 1:3:9	13			混合砂浆 1:1:6	7	20
	混凝土墙					混合砂浆 1:1:6	5	5
	轻质墙	混合砂浆 1:3:9	13			混合砂浆 1:1:6	7	20
水泥砂浆	砖　墙	水泥砂浆 1:3	13			水泥砂浆 1:2.5	7	20
	混凝土墙	水泥砂浆 1:3	12			水泥砂浆 1:2.5	7	19
	轻质墙	混合砂浆 1:3:9	13			水泥砂浆 1:2	7	20
	砖墙裙	水泥砂浆 1:3	17			水泥砂浆 1:2.5	8	25
	梁柱	水泥砂浆 1:3	10			水泥砂浆 1:2	7	17

项 目		底 层		中 层		面 层		总厚度
		砂 浆	厚度	砂 浆	厚度	砂 浆	厚度	
装饰抹灰	水刷石墙面	水泥砂浆 1:3	15			水泥石子 1:1.5	10	25
	水刷石挑檐	水泥砂浆 1:3	15			水泥石子 1:1.5	10	25
	干粘石墙面	水泥砂浆 1:3	15	水泥砂浆 1:2	7			22
	剁假石墙面	水泥砂浆 1:3	16			水泥石屑 1:2	10	26
	水磨石墙面	水泥砂浆 1:3	16			水泥石子 1:2.5	12	28
	水磨石窗台	水泥砂浆 1:3	18			水泥石子 1:2.5	12	30
	砖外墙喷涂	水泥砂浆 1:3	15	混合砂浆 1:1:2	4			19
镶贴块料	马赛克墙面	水泥砂浆 1:3	16	水泥砂浆 1:1	5			21
	瓷 砖墙面	水泥砂浆 1:3	16	混合砂浆 1:1:2	8			24
	面 砖墙面	水泥砂浆 1:3	17	混合砂浆 1:1:2	7			24
	花岗石墙面	水泥砂浆 1:3	18					18

【例 4-29】 某商业大厅有 4 根不锈钢包圆柱,柱高 6m,直径 0.8m,计算工料数量。

解:工程量 = $0.8 \times 3.14 \times 6 \times 4 = 60.32 m^2$

套定额 2171

综合用工量 = $0.6032 \times 81.68 = 49.27$ 工日

一等杉枋 = $0.6032 \times 0.45 = 0.27 m^3$

五合板 = $0.6032 \times 12.25 = 7.39 m^2$

三合板 = $0.6032 \times 105.00 = 63.34 m^2$

镜面不锈钢板 = 0.6032×112.50
$= 67.86 m^2$

小　结

　　本节包括室内外墙面、柱面的一般抹灰及各种镶贴块料面层等。全面叙述了定额说明及工料估算方法;重点阐述了工程量计算规则和定额的应用。

　　内、外墙抹灰按长乘宽以平方米计算,扣除门窗洞口,垛的侧面展开。抹灰及镶贴块料柱面以结构断面周长乘装饰高度计算;各种饰面材料柱面按饰面材料外围周长乘装饰高度计算。零星项目按设计尺寸展开面积计算。

4.7 顶棚工程

4.7.1 定额内容简介

　　顶棚工程是指用于各种顶棚吊顶的龙骨制作、安装以及各种顶棚装饰面层的安装。主要包括砂浆面层、顶棚龙骨、顶棚面层及饰面等。共 125 个子目。

定额项目划分如下：

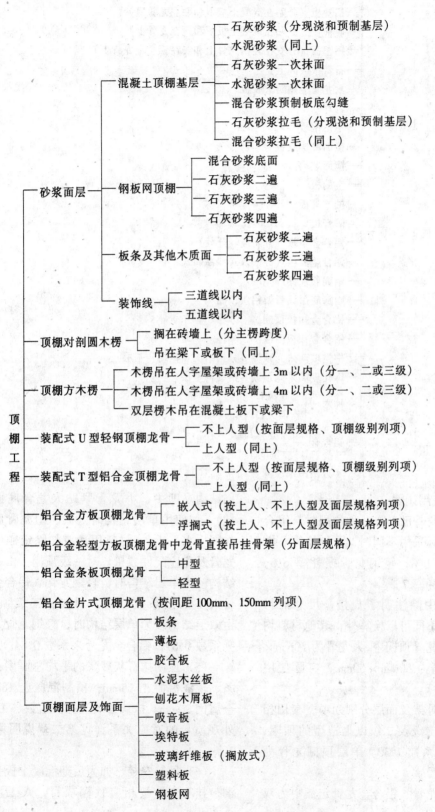

顶棚工程

砂浆面层
　混凝土顶棚基层
　　石灰砂浆（分现浇和预制基层）
　　水泥砂浆（同上）
　　石灰砂浆一次抹面
　　水泥砂浆一次抹面
　　混合砂浆预制板底勾缝
　　石灰砂浆拉毛（分现浇和预制基层）
　　混合砂浆拉毛（同上）
　钢板网顶棚
　　混合砂浆底面
　　石灰砂浆二遍
　　石灰砂浆三遍
　　石灰砂浆四遍
　板条及其他木质面
　　石灰砂浆二遍
　　石灰砂浆三遍
　　石灰砂浆四遍
　装饰线
　　三道线以内
　　五道线以内

顶棚对剖圆木楞
　搁在砖墙上（分主楞跨度）
　吊在梁下或板下（同上）

顶棚方木楞
　木楞吊在人字屋架或砖墙上3m以内（分一、二或三级）
　木楞吊在人字屋架或砖墙上4m以内（分一、二或三级）
　双层楞木吊在混凝土板下或梁下

装配式U型轻钢顶棚龙骨
　不上人型（按面层规格、顶棚级别列项）
　上人型（同上）

装配式T型铝合金顶棚龙骨
　不上人型（按面层规格、顶棚级别列项）
　上人型（同上）

铝合金方板顶棚龙骨
　嵌入式（按上人、不上人型及面层规格列项）
　浮搁式（按上人、不上人型及面层规格列项）

铝合金轻型方板顶棚龙骨中龙骨直接吊挂骨架（分面层规格）

铝合金条板顶棚龙骨
　中型
　轻型

铝合金片式顶棚龙骨（按间距100mm、150mm列项）

顶棚面层及饰面
　板条
　薄板
　胶合板
　水泥木丝板
　刨花木屑板
　吸音板
　埃特板
　玻璃纤维板（搁放式）
　塑料板
　钢板网

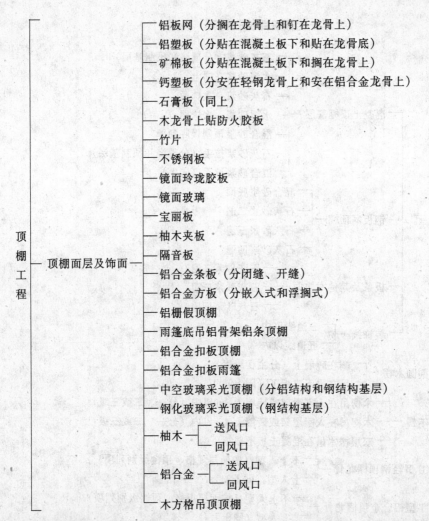

顶棚工程 ──┬── 顶棚面层及饰面 ──┬── 铝板网（分搁在龙骨上和钉在龙骨上）
　　　　　　　　　　　　　　　　├── 铝塑板（分贴在混凝土板下和贴在龙骨底）
　　　　　　　　　　　　　　　　├── 矿棉板（分贴在混凝土板下和搁在龙骨上）
　　　　　　　　　　　　　　　　├── 钙塑板（分安在轻钢龙骨上和安在铝合金龙骨上）
　　　　　　　　　　　　　　　　├── 石膏板（同上）
　　　　　　　　　　　　　　　　├── 木龙骨上贴防火胶板
　　　　　　　　　　　　　　　　├── 竹片
　　　　　　　　　　　　　　　　├── 不锈钢板
　　　　　　　　　　　　　　　　├── 镜面玲珑胶板
　　　　　　　　　　　　　　　　├── 镜面玻璃
　　　　　　　　　　　　　　　　├── 宝丽板
　　　　　　　　　　　　　　　　├── 柚木夹板
　　　　　　　　　　　　　　　　├── 隔音板
　　　　　　　　　　　　　　　　├── 铝合金条板（分闭缝、开缝）
　　　　　　　　　　　　　　　　├── 铝合金方板（分嵌入式和浮搁式）
　　　　　　　　　　　　　　　　├── 铝栅假顶棚
　　　　　　　　　　　　　　　　├── 雨篷底吊铝骨架铝条顶棚
　　　　　　　　　　　　　　　　├── 铝合金扣板顶棚
　　　　　　　　　　　　　　　　├── 铝合金扣板雨篷
　　　　　　　　　　　　　　　　├── 中空玻璃采光顶棚（分铝结构和钢结构基层）
　　　　　　　　　　　　　　　　├── 钢化玻璃采光顶棚（钢结构基层）
　　　　　　　　　　　　　　　　├── 柚木 ──┬── 送风口
　　　　　　　　　　　　　　　　│　　　　　└── 回风口
　　　　　　　　　　　　　　　　├── 铝合金 ──┬── 送风口
　　　　　　　　　　　　　　　　│　　　　　　└── 回风口
　　　　　　　　　　　　　　　　└── 木方格吊顶顶棚

4.7.2 定额使用说明

（1）本章龙骨已列有几种常用材料组合的项目，如实际采用不同时，可以换算。木质龙骨损耗率6%，轻钢龙骨损耗率6%，铝合金龙骨损耗率7%。

（2）定额中除注明了规格、尺寸的材料，实际使用不同可以换算外，其他材料均不予换算。木龙骨顶棚中，大龙骨为50mm×50mm，木吊筋为50mm×50mm，实际使用不同时可以换算。

（3）顶棚骨架及面层分别列项，套用相应项目。对于二级及二级以上造型的顶棚，面层人工乘以系数1.30。单层顶棚龙骨为轻型不上人龙骨。

（4）顶棚龙骨、铝合金龙骨定额中为双

层结构（即中、小龙骨紧贴大龙骨底面吊挂），如使用单层结构时（大、中龙骨底面在同一水平上），材料用量应扣除定额中小龙骨及相应配件数量。对一级顶棚，由双层结构改为单层结构时，轻钢龙骨、铝合金龙骨人工乘以系数0.83。对二、三级顶棚，由双层结构改为单层结构时，轻钢龙骨人工乘系数0.87，铝合金龙骨乘系数0.84。

（5）顶棚抹石灰砂浆的平均总厚度：板条、现浇混凝土15mm；预制混凝土18mm；金属网20mm。抹灰等级及抹灰遍数、工序、外观质量的对应关系详见第二章说明第2、3条。

（6）吊筋安装、如为后期混凝土板上钻洞、挂筋者，按相应顶棚项目，人工增加

3.4 工日/100m²，如为砖墙上钻洞、搁放骨架者、按相应项目人工增加 1.4 工日/100m²。上人型顶棚骨架，吊筋改预埋为射钉固定者，每 100m² 人工减 0.25 工日，吊筋减少 3.8kg，钢板增加 27.6kg，射钉增加 585 个。

（7）木质骨架及面层的防火处理，套油漆、涂料部分相应项目。

（8）顶棚面层在同一标高者称一级顶棚，顶棚面层不在同一标高且每一高差在 200mm 以上者为二级或三级顶棚。

4.7.3 主要分项工程量计算和定额的应用

（1）本章按主墙间实抹、实钉（胶）面积计算，不扣除间壁墙、检查洞、附墙烟囱、柱垛和管道所占面积，但应扣除独立柱及与顶棚相连的窗帘盒所占的面积。檐口抹灰顶棚、带梁顶棚两侧的抹灰按展开面积计算并入相应抹灰顶棚面积内。

【例 4-30】　某工程现浇井字梁顶棚如

图 4-12 所示，纸筋石灰浆面层，计算定额直接费。

解： 抹灰工程量 = (6.60 − 0.24) × (4.40 − 0.24) + (0.40 − 0.12) × 6.36 × 2 + (0.25 − 0.12) × 3.86 × 2 × 2 − (0.25 − 0.12) × 0.15 × 4 = 31.95m²

套 3001，定额直接费 = 0.3195 × 442.14
　　　　　　　　 = 141.27 元

【例 4-31】　钢筋混凝土板底吊双层楞木，面层为宝丽板，尺寸如图 4-13 所示，计算定额直接费。

解： 1）吊楞木（双层）工程量 = (12 − 0.24)(6 − 0.24) = 67.74m²

套 3030

定额直接费 = 0.6774 × 3326.63
　　　　　　 = 2253.46 元

2）宝丽板面层工程量 = 67.74m²

套 3107，定额直接费 = 0.6774 × 4480.11 = 3034.83 元

直接费合计 = 2253.46 + 3034.83 = 5288.29 元

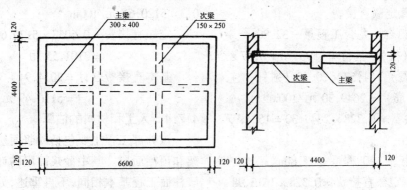

图 4-12

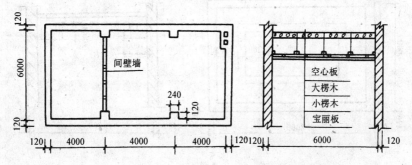

图 4-13

【例4-32】 双层方木楞吊在钢筋混凝土板下，木丝板面层，工程数量为283.54m²，计算定额直接费。

解：1）双层方木楞工程量 = 283.54m²

套 3030（换），基价 = 3326.63 – (0.904) × 1498.84 + 8.63 × 4.37 = 2009.39 元/100m²

定额直接费 = 2.8354 × 2009.39 = 5697.42 元

注：用于板条、钢板网、木丝板顶棚面层时，扣除定额一等杉方 0.904m³，增加铁钉 8.63kg。

2）水泥木丝板面层工程量 = 283.54m²

套 3085，定额直接费 = 2.8354 × 593.94 = 1684.06 元

直接费合计 = 5697.42 + 1684.06 = 7381.48 元

【例4-33】 T型铝合金龙骨，双层（300mm × 300mm）不上人一级顶棚，龙骨采用全预埋式，面层为铝塑板，工程量为 32.80m²，计算定额直接费。

解：1）铝合金龙骨工程量 = 32.80m²

套 3047（换），基价 = 4593.78 + 0.97 × 10.50（人工费）– 1.52 × 20.70（射钉）+ 30 × 2.56（吊筋）= 2649.30 元/100m²

定额直接费 = 0.328 × 2649.30 = 1524.97 元

2）铝塑板面层工程量 = 32.80m²

套 3095，定额直接费 = 0.328 × 1615.98 = 530.04 元

定额直接费合计 = 1524.97 + 530.04 = 2055.01 元

（2）顶棚中的折线、迭落等圆弧形、拱形、高低级带灯槽或艺术形式顶棚，按展开面积计算。

（3）顶棚抹灰带有装饰线者，分别按三道线或五道线以内以延长米计算。线角的道数以每一突出的棱角为一道线。

【例4-34】 某槽式顶棚尺寸如图4-14所示，钢筋混凝土板下吊双层楞木，面层为塑料板，计算定额直接费。

解：1）双层楞木工程量 =（8.00 – 0.24）×（6.00 – 0.24）+ [（8.00 – 0.24 – 0.90 × 2 + 6.00 – 0.24 – 0.90 × 2）× 2]（平均周长）× 0.20 × 4 = 60.57m²

套 3030，定额直接费 = 0.6057 × 3326.63 = 2014.94 元

2）塑料板顶棚工程量 = 60.57m²

套 3090（换），基价 = 5080.57 + 133.46 × 0.3 = 5120.61 元/100m²

定额直接费 = 0.6057 × 5120.61 = 3101.55 元

基本直接费合计 = 2014.94 + 3101.55 = 5116.49 元

4.7.4 人工和材料的估算

该分部工程主要包括砂浆面层、顶棚骨架和顶棚面层。其中砂浆面层的计算方法与墙柱面工程基本相同，不再重述，分层砂浆厚

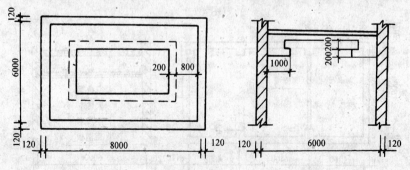

图 4-14

度及配合比，见表4-11。下面重点介绍龙骨和面层的计算方法。

（1）实物计算法

顶棚龙骨按材料不同可分为：木龙骨、轻钢龙骨、铝合金龙骨几种。计算时，可以根据施工图上顶棚骨架的结构与尺寸，分别计算每一间房子的主、次龙骨，另外加损耗时考虑到施工中规格尺寸与实际尺寸的差异（木龙骨），以及施工中截断损耗等因素。损耗率分别为：木龙骨6%，轻钢龙骨6%，铝合金龙骨7%。

1）木龙骨主要材料计算

顶棚龙骨一般为双层，大龙骨和小龙骨。大龙骨可以是半圆木或方木楞。计算方法是：

每间房子用量 = 大龙骨每根长度 × （分布宽度÷龙骨间距 + 1）× 断面 × （1 + 损耗率）

小龙骨通常是方格结构，如 400mm × 400mm、500mm × 500mm 等。

每间房内小龙骨的用量 = ［房间长 × （房间宽÷龙骨间距 + 1）+ 房间宽 × （房间长÷龙骨间距 + 1）］ × 龙骨断面 × （1 + 损耗率）

【例 4-35】 某餐厅长为 18m，宽为 12m，大龙骨间距 1200mm，断面 50mm × 70mm，小龙骨间距 500mm，断面 50mm × 50mm，损耗率 6%。计算龙骨木材用量（不考虑支撑和木吊筋用量）。

解： 大龙骨用量 = 12 × （18÷1.2 + 1）× 0.05 × 0.07 × 1.06 = 0.712m³

小龙骨用量 = ［12 × （18÷0.5 + 1）+ 18 × （12÷0.5 + 1）］ × 0.05 × 0.05 × 1.06 = 2.369m³

顶棚抹灰砂浆厚度及配合比表　　　　　　　　　　表 4-11

项　目		底　层		中　层		面　层		总厚度
		砂　浆	厚　度	砂　浆	厚　度	砂　浆	厚　度	
中级石灰砂浆	混凝土基层	混合砂浆 1:3:6	9	混合砂浆 1:1:6	7	麻刀灰浆	2	18
	钢板网	麻刀灰浆 1:3	7	石灰砂浆 1:2.5	7	麻刀灰浆	2	16
	其他木质面	麻刀灰浆 1:3	7	石灰砂浆 1:2.5	7	麻刀灰浆	2	16
高级石灰砂浆	混凝土基层	混合砂浆 1:3:9	7	水泥麻刀石灰 1:2:4	9	麻刀灰浆	2	18
	钢板网	混合砂浆 1:3:9	9	混合砂浆 1:1:6	7	麻刀灰浆	2	18
	其他木质面	麻刀灰浆 1:3	7	混合砂浆 1:3:9	9	麻刀灰浆	2	15
混合砂浆	钢板网	混合砂浆 1:3:9	10			混合砂浆 1:1:2	6	16
	混凝土基层	混合砂浆 1:3:9	11			混合砂浆 1:1:2	7	18
	混凝土基层 一次抹光					混合砂浆 1:1:6	8	8
混凝土基层 水泥砂浆		水泥砂浆 3:1	11			水泥砂浆 1:2	7	18

方木楞合计 $= 0.712 + 2.369 = 3.081\text{m}^3$

如果顶棚造型是迭级结构,需按顶棚的展开面积计算。吊顶木楞规格及中距见表4-12。

2)轻钢龙骨顶棚

轻钢龙分为大、中、小三种。

龙骨重量 = 龙骨纵长度 × (宽度 ÷ 间距 + 1) × (1 + 损耗率) × 每米重量

辅件的计算应按轻钢龙骨标准图进行统计。

3)铝合金龙骨顶棚

铝合金顶棚由L型墙侧边龙骨、T型主龙骨和T型支撑龙骨组合成型。侧边龙骨按顶棚周边长度计算。对迭级结构、通风口、灯槽等需收边的位置也应进行计算。

主、次龙骨用量 = 龙骨纵长 × [顶棚长(宽)÷ 间距 − 1] × (1 + 损耗率)

4)顶棚块料面层计算

100m^2 用量 $= 100 \times$ (1 + 损耗率)

或 100m^2 用量 $= \dfrac{100}{\text{块长} \times \text{块宽}} \times$ (1 + 损耗率)

【例 4-36】 铝塑板规格为 500mm × 500mm,损耗率为 5%,求铝塑板用量。

解:100m^2 用量 $= 100 \times$ (1 + 5%) $= 105\text{m}^2$

100m^2 铝塑板块数 $= \dfrac{100}{0.5 \times 0.5} \times$ (1 + 5%) $= 420$ 块

(2)定额估算法

【例 4-37】 某工程在混凝土板下吊双层楞木 160m^2,计算工料数量。

解:综合工日 $= 1.60 \times 14.17 = 22.67$ 工日

一等杉方 $= 1.60 \times 1.81 = 2.90\text{m}^3$

二等杉方 $= 1.60 \times 0.05 = 0.08\text{m}^3$

$\phi 2.8$ 铁丝 $= 1.60 \times 5.23 = 8.37\text{kg}$

【例 4-38】 某会议室长 8m,宽 6.3m,吊 T 型铝合金龙骨,一级不上人型,500mm × 500mm,搁放矿棉板,求主材用量。

解:工程量 $= 8 \times 6.3 = 50.4\text{m}^2$

$h = 45$ 铝合金大龙骨 $= 0.504 \times 133.66 = 67.36\text{m}$

$h = 35$ 铝合金中龙骨 $= 0.504 \times 189.37 = 95.44\text{m}$

$h = 22$ 铝合金小龙骨 $= 0.504 \times 182.01 = 91.73\text{m}$

$h = 35$ 铝合金小龙骨 $= 0.504 \times 64.60 = 32.56\text{m}$

矿棉板用量 $= 0.504 \times 105 = 52.92\text{m}^2$

吊顶木楞规格及中距表 表4-12

类别	主楞跨度 (m)	大 楞 (mm)			次 楞 (mm)	
		中距	方木断面	圆木	中距	断面
主楞距	2m 以内				450	50 × 50
	3m 以内	1200	50 × 70	80	450	50 × 50
	4m 以内	1200	50 × 70	80	450	50 × 50
板底	双层楞木	1200	50 × 70		450	50 × 50
	单层楞木				450	50 × 50

小 结

本节包括定额内容、说明、计算规则及应用、人工材料估算。其中顶棚分为基层和面层两部分。基层主要有木龙骨、轻钢龙骨、铝合金龙骨三种形式;面层包括各种各样的面层。

　　一级顶棚计算方法与地面基本相同，按主墙间实钉贴面积计算。折线、迭落等形式的顶棚按展开面积计算。

4.8　门窗工程

4.8.1　定额内容简介

　　门窗工程是指供出入及联系交通，起采光、通风、围护、美化、装饰作用的构件。主要包括铝合金门窗制作安装、铝合金门窗安装、卷闸门安装、彩板组角钢门窗安装、塑料门窗安装、钢门窗安装等。共 55 个子目。

定额项目划分如下：

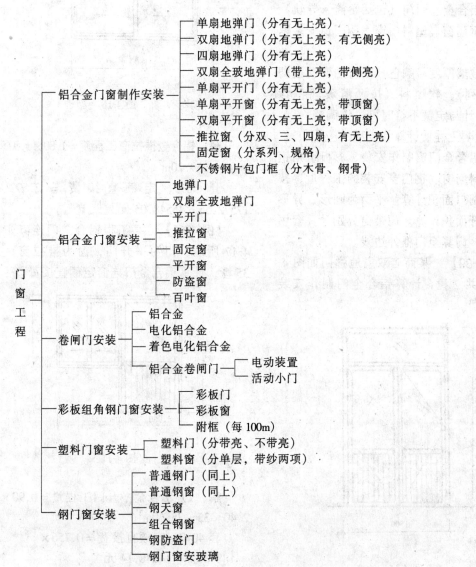

门窗工程

铝合金门窗制作安装
- 单扇地弹门（分有无上亮）
- 双扇地弹门（分有无上亮、有无侧亮）
- 四扇地弹门（分有无上亮）
- 双扇全玻地弹门（带上亮，带侧亮）
- 单扇平开门（分有无上亮）
- 单扇平开窗（分有无上亮，带顶窗）
- 双扇平开窗（分有无上亮，带顶窗）
- 推拉窗（分双、三、四扇，有无上亮）
- 固定窗（分系列、规格）
- 不锈钢片包门框（分木骨、钢骨）

铝合金门窗安装
- 地弹门
- 双扇全玻地弹门
- 平开门
- 推拉窗
- 固定窗
- 平开窗
- 防盗窗
- 百叶窗

卷闸门安装
- 铝合金
- 电化铝合金
- 着色电化铝合金
- 铝合金卷闸门
  - 电动装置
  - 活动小门

彩板组角钢门窗安装
- 彩板门
- 彩板窗
- 附框（每 100m）

塑料门窗安装
- 塑料门（分带亮、不带亮）
- 塑料窗（分单层，带纱两项）

钢门窗安装
- 普通钢门（同上）
- 普通钢窗（同上）
- 钢天窗
- 组合钢窗
- 钢防盗门
- 钢门窗安玻璃

4.8.2 定额使用说明

(1) 铝合金制作兼安装项目，按施工企业附属加工厂制作制定，加工厂至现场堆放点的运费按各省市有关规定执行。

(2) 铝合金地弹门制作型材（框料），按 101.6mm × 44.5mm、厚 1.5mm 方管制定，单扇平开门、双扇平开窗按 38 系列制定，推拉窗按 90 系列制定，如型材断面尺寸及厚度与定额规定不符时，按附表调整铝合金型材用量，附表中"（ ）"的数量为定额取定量。

(3) 铝合金卷闸门（包括卷筒、导轨）、彩板组角钢门窗、塑料门窗、钢门窗安装以成品制定。

(4) 玻璃厚度、颜色、密封油膏（按塑料油膏计列）、软填料（按沥清玻璃毡计列），如设计与定额不符时可另作调整。

4.8.3 主要工程量计算和定额的应用

(1) 铝合金门窗制作安装、彩板组角钢门窗、塑料门窗、钢门窗安装的工程量，按设计门窗洞口面积计算。平面为圆形、异形门窗按展开面积计算。门带窗分别计算套用相应定额，门算至门框外边线。

【例 4-39】 某商店双扇地弹门如图 4-15 所示，共 2 樘，计算铝合金门制作安装定额直接费。

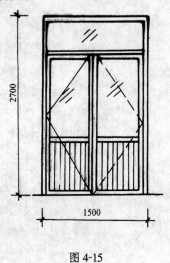

图 4-15

解： 铝合金地弹门工程量 $= 2.70 × 1.50 × 2$
$$= 8.10\text{m}^2$$

套 4005，定额直接费 $= 0.081 × 17160.88$
$$= 1390.03 \text{ 元}$$

【例 4-40】 某宿舍铝合金推拉窗如图 4-16 所示，共 80 樘，计算铝合金推拉窗制作安装定额直接费。

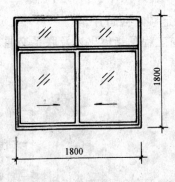

图 4-16

解： 铝合金推拉窗工程量 $= 1.80 × 1.80 × 80 = 259.20\text{m}^2$

套 4019，定额直接费 $= 2.592 × 17572.55 = 45548.05 \text{ 元}$

【例 4-41】 某工程铝合金门连窗如图 4-17 所示，门为平开门，窗为推拉窗，共 35 樘，计算铝合金门连窗定额直接费。

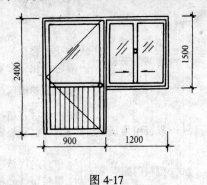

图 4-17

解： 1）铝合金平开门工程量 $= 0.90 × 2.40 × 35 = 75.60\text{m}^2$

套 4010，定额直接费 $= 0.756 × 18846.75 = 14248.14 \text{ 元}$

2）铝合金推拉窗工程量 $= 1.20 × 1.50 ×$

$35 = 63m^2$

套 4018，定额直接费 $= 0.63 \times 19553.69$
$= 12318.82$ 元

直接费合计 $= 14248.14 + 12318.82$
$= 26566.96$ 元

【例 4-42】某宿舍楼需用 1500×1800 的塑料窗（带纱），共 20 樘，计算定额直接费。

解：塑料窗工程量 $= 1.50 \times 1.80 \times 20$
$= 54m^2$

套 4047，定额直接费 $= 0.54 \times 21308.58$
$= 1138.63$ 元

（2）卷闸门按（门洞口高度 + 60mm）×（卷闸门实际宽度）面积计算。电动装置以套计算，小门以个计算。

【例 4-43】某车库安装铝合金卷闸门 5 个，设计洞口尺寸为 4000mm × 4000mm，电动卷闸，带活动小门，计算定额直接费。

解：1）铝合金卷闸门工程量 $= 4.00 \times (4.00 + 0.60) \times 5 = 92m^2$

套 4036，定额直接费 $= 0.92 \times 27375.81$
$= 25185.75$ 元

2）电动装置 = 5 套

套 4039，定额直接费 $= 5 \times 3116.50 = 15582.50$ 元

3）活动小门 = 5 个

套 4040，定额直接费 $= 5 \times 310.50 = 1552.50$ 元

直接费合计 $= 25185.75 + 15582.50 + 1552.50 = 42320.75$ 元

（3）彩板组角钢门窗附框安装按延长米计算。

（4）不锈钢片包门框按外表面积计算。

4.8.4 人工和材料的估算

（1）实物计算法

本分部包括铝合金门窗、塑料门窗及钢门窗等项。其计算法基本相同，其中铝合金在装饰工程中应用最为广泛。由于铝合金型材的种类、规格较多，如按各种规格品种的长度单位来核算材料用量，就会使计算复杂，使成本核算无法进行。因为金属材料用重量单位计价非常合理，十分方便、直观。其计算方法如下：

①按图纸计算各种型材各自所需的长度数量，加上 3% 的损耗量；

②将结构中每种长度乘以单位重量（kg/m）。

1）铝合金门

铝合金门使用的铝合金主材包括：门框型材、门扇型材和压边槽三种。下面介绍几种有代表性的铝合金地弹门的主材计算用量列于表 4-13。

2）推拉窗

推拉窗主材包括窗框铝型材、窗扇铝型材、铝压条和玻璃。推拉窗的铝型材主要有 90 系列和 70 系列两类。现将 90 系列常规尺寸的推拉窗所需主材计算用量列于表 4-14。

3）平开窗

平开窗主要材料包括窗框铝型材、窗扇铝型材、铝压条和玻璃。型材主要有 52 系

铝合金地弹门的主材用量表　　　　　　　　　　　表 4-13

主要材料项目	单　　扇	双　　扇	四　　扇
	950×2075	1750×2075	3250×2375
门框铝型材（kg）	4.5	5.2	10.1
门扇铝型材（kg）	5.2	10.0	18.5
压边铝槽（kg）	0.8	1.6	3.1
5mm 玻璃（m²）	1.8	3.6	7.0
地弹簧（只）	1.0	2.0	4.0

注：本表为 46 系列铝合金门型材。

主要材料项目	双 扇	带固定窗双扇	三 扇	带固定窗三扇	四 扇
	1450 × 1450	1450 × 1750	2950 × 1450	2950 × 1750	2950 × 1750
窗顶滑槽型材（kg）	1.7	1.7	3.3	3.3	3.3
窗底滑槽型材（kg）	1.3	1.3	2.7	2.7	2.7
窗边框型材（kg）	2.3	5.8	2.3	9.4	4.5
窗扇型材（kg）	6.5	6.6	9.6	9.6	12.8
铝 压 条（kg）	—	0.6	—	0.9	—
玻 璃（m²）	1.95	2.4	4.5	5.1	4.5

注：本表为 90 系列铝合金窗型材。

铝合金平开窗主材用量表　　　　　　　　表 4-15

主要材料项目	单 扇	单扇上带固定窗	双 扇	带顶窗双扇
	550 × 1150	1150 × 1450	1150 × 1150	1150 × 1550
窗框型材（kg）	1.7	2.2	3.4	5.2
窗扇型材（kg）	1.7	1.7	3.5	4.8
铝 压 条（kg）	0.7	0.9	1.4	2.1
玻 璃（m²）	0.6	0.8	1.2	1.7

列和 38 系列。下面将 38 系列常规尺寸平开窗的主材计算用量列于表 4-15。

其他门窗用料及五金用量见本分部定额附表。

（2）定额估算法

【例 4-44】　38 系列固定扇，1200mm × 1500mm，求主材用量。

解：套定额 4024，38 系列铝合金型材 = 1.20 × 1.50 ÷ 100 × 310.23 = 5.58kg

5mm 平板玻璃用量 = 1.20 × 1.50 ÷ 100 × 101.00 = 1.82m²

【例 4-45】　某工程有 1800mm × 1500mm 的塑料窗 40 樘，计算成品及主材用量。

解：工程量 = 1.80 × 1.50 × 40 = 108m²

套定额 4046，4mm 厚平板玻璃 = 1.08 × 77.15 = 83.38m²

塑料压条 = 1.08 × 474 = 511.92m

塑料窗（成品） = 1.08 × 94.30 = 101.84m²

小　　结

本节介绍了铝合金门窗制作安装和卷闸门窗、彩板门窗、塑料门窗、钢门窗成品安装项目。均按设计门窗洞口面积计算。

4.9 油漆、涂料工程

4.9.1 定额内容简介

油漆、涂料工程是指用各种木材面、金属面、抹灰面的油漆及抹灰墙面的喷塑、裱糊工程等。共 226 个子目。

4.9.2 定额使用说明

（1）本定额刷涂、刷油采用手工操作，喷塑、喷涂、喷油采用机械操作，如采用操

定额项目划分见下表：

油漆、涂料工程
- 木材面油漆（分单层木门、窗、扶手、其他面四项）
  - 底油一遍、刮腻子、调合漆两遍
  - 底油一遍、刮腻子、调合漆三遍
  - 底油一遍、刮腻子、调合漆两遍、磁漆一遍
  - 润油粉、刮腻子、调合漆两遍、磁漆一遍
  - 润油粉、刮腻子、调合漆一遍、磁漆二遍
  - 润油粉、刮腻子、调合漆一遍、磁漆三遍
  - 润油粉、刮腻子二遍、调合漆三遍、磁漆罩面
  - 每增加一遍调合漆
  - 每增加一遍清漆
  - 每增加一遍醇酸磁漆
  - 每增加一遍醇酸清漆
  - 润油粉、刮腻子、聚氨酯漆两遍
  - 润油粉、刮腻子、聚氨酯漆三遍
  - 每增加一遍聚氨酯漆
  - 刷底油、刮腻子、色聚氨酯漆两遍
  - 刷底油、刮腻子、色聚氨酯漆三遍
  - 每增加一遍色聚氨酯漆
  - 刷底油、油色、清漆两遍
  - 润油粉、刮腻子、油色、清漆三遍
  - 润油粉、刮腻子、油色、清漆二遍
  - 润油粉、刮腻子、油色、清漆四遍磨退出亮
  - 润油粉、刮腻子、硝基清漆、磨退出亮
  - 润油粉二遍、刮腻子、漆片、硝基清漆、磨退出亮
  - 润油粉、刮腻子、醇酸清漆一遍、丙烯酸清漆三遍磨退出亮
  - 过氯乙烯五遍成活
  - 每增加一遍底漆
  - 每增加一遍磁漆
  - 每增加一遍清漆
  - 底油一遍、熟桐油一遍
  - 底油一遍、熟桐油二遍
  - 熟桐油二遍
  - 润油粉、刮腻子、防火漆两遍
  - 熟桐油、色底油、广（生）漆二遍
- 木地板
  - 满刮腻子地板漆二遍
  - 底油地板漆二遍
  - 润水粉、烫硬蜡

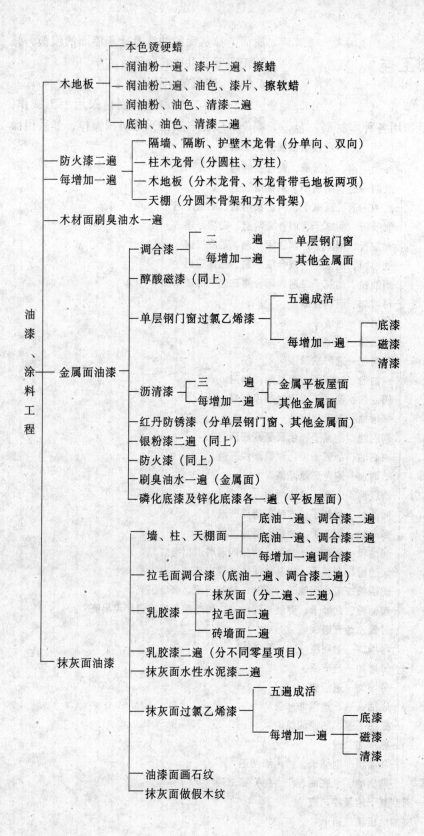

油漆、涂料工程

木地板
├─ 本色烫硬蜡
├─ 润油粉一遍、漆片二遍、擦蜡
├─ 润油粉二遍、油色、漆片、擦软蜡
├─ 润油粉、油色、清漆二遍
└─ 底油、油色、清漆二遍

防火漆二遍
每增加一遍
├─ 隔墙、隔断、护壁木龙骨（分单向、双向）
├─ 柱木龙骨（分圆柱、方柱）
├─ 木地板（分木龙骨、木龙骨带毛地板两项）
└─ 天棚（分圆木骨架和方木骨架）

木材面刷臭油水一遍

金属面油漆
├─ 调合漆 ─ 二遍 / 每增加一遍 ─ 单层钢门窗 / 其他金属面
├─ 醇酸磁漆（同上）
├─ 单层钢门窗过氯乙烯漆 ─ 五遍成活 / 每增加一遍 ─ 底漆 / 磁漆 / 清漆
├─ 沥清漆 ─ 三遍 / 每增加一遍 ─ 金属平板屋面 / 其他金属面
├─ 红丹防锈漆（分单层钢门窗、其他金属面）
├─ 银粉漆二遍（同上）
├─ 防火漆（同上）
├─ 刷臭油水一遍（金属面）
└─ 磷化底漆及锌化底漆各一遍（平板屋面）

抹灰面油漆
├─ 墙、柱、天棚面 ─ 底油一遍、调合漆二遍 / 底油一遍、调合漆三遍 / 每增加一遍调合漆
├─ 拉毛面调合漆（底油一遍、调合漆二遍）
├─ 乳胶漆 ─ 抹灰面（分二遍、三遍）/ 拉毛面二遍 / 砖墙面二遍
├─ 乳胶漆二遍（分不同零星项目）
├─ 抹灰面水性水泥漆二遍
├─ 抹灰面过氯乙烯漆 ─ 五遍成活 / 每增加一遍 ─ 底漆 / 磁漆 / 清漆
├─ 油漆面画石纹
└─ 抹灰面做假木纹

134

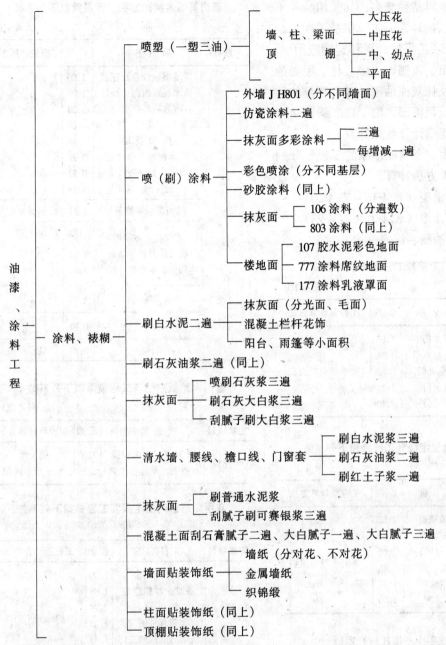

油漆、涂料工程
├─ 涂料、裱糊
│ ├─ 喷塑（一塑三油）
│ │ ├─ 墙、柱、梁面
│ │ │ ├─ 大压花
│ │ │ ├─ 中压花
│ │ │ ├─ 中、幼点
│ │ ├─ 顶　棚 ─ 平面
│ ├─ 喷（刷）涂料
│ │ ├─ 外墙 J H801（分不同墙面）
│ │ ├─ 仿瓷涂料二遍
│ │ ├─ 抹灰面多彩涂料
│ │ │ ├─ 三遍
│ │ │ └─ 每增减一遍
│ │ ├─ 彩色喷涂（分不同基层）
│ │ ├─ 砂胶涂料（同上）
│ │ ├─ 抹灰面
│ │ │ ├─ 106 涂料（分遍数）
│ │ │ └─ 803 涂料（同上）
│ │ └─ 楼地面
│ │   ├─ 107 胶水泥彩色地面
│ │   ├─ 777 涂料席纹地面
│ │   └─ 177 涂料乳液罩面
│ ├─ 刷白水泥二遍
│ │ ├─ 抹灰面（分光面、毛面）
│ │ ├─ 混凝土栏杆花饰
│ │ └─ 阳台、雨篷等小面积
│ ├─ 刷石灰油浆二遍（同上）
│ ├─ 抹灰面
│ │ ├─ 喷刷石灰浆三遍
│ │ ├─ 刷石灰大白浆三遍
│ │ └─ 刮腻子刷大白浆三遍
│ ├─ 清水墙、腰线、檐口线、门窗套
│ │ ├─ 刷白水泥浆三遍
│ │ ├─ 刷石灰油浆二遍
│ │ └─ 刷红土子浆一遍
│ ├─ 抹灰面
│ │ ├─ 刷普通水泥浆
│ │ └─ 刮腻子刷可赛银浆三遍
│ ├─ 混凝土面刮石膏腻子二遍、大白腻子一遍、大白腻子三遍
│ ├─ 墙面贴装饰纸
│ │ ├─ 墙纸（分对花、不对花）
│ │ ├─ 金属墙纸
│ │ └─ 织锦缎
│ ├─ 柱面贴装饰纸（同上）
│ └─ 顶棚贴装饰纸（同上）

作方法不同时均按定额执行。

（2）油漆工、料已综合浅、中、深等各种颜色在内,不论采用何种颜色均按定额执行。

（3）本定额已综合考虑了在同一平面上的分色及门窗内外分色。如需做美术图案者另行计算。

（4）定额中所规定的喷、涂、刷遍数,如与设计图纸要求不同时,可按每增加一遍定额项目进行调整。

（5）喷塑（一塑三油）：底油、装饰漆、面油。其规格划分如下：

1）大压花：喷点压平,点面积在 1.2cm² 以上；

2）中压花：喷点压平,点面积在 1～1.2cm²；

3）喷中点、幼点:喷点面积在 1cm² 以下。

（6）由于涂料品种繁多，如采用品种不同时，材料可以换算，人工、机械不变。

4.9.3 主要分项工程量计算和定额应用

（1）楼地面、顶棚面、墙、柱、梁面的喷（刷）涂料及抹灰面油漆，其工程量的计算，按楼地面、顶棚面、墙、柱、梁面装饰工程相应的工程量计算规则计算。

（2）木材面、金属面油漆的工程量分别按下列各表计算方法计算。

1）木材面油漆（表4-16～表4-20）

2）金属面油漆（表4-21～表4-23）

3）抹灰面油漆、涂料（表4-24）

套用单层木门定额其工程量乘下列系数

表 4-16

定额项目	项目名称	系数	工程量计算方法
单层木门	单层木门	1.00	按单面洞口面积
	一板一纱木门	1.36	
	单层全玻门	0.83	
	木百页门	1.25	
	厂库大门	1.10	

套用单层玻璃窗定额其工程量乘下列系数

表 4-17

定额项目	项目名称	系数	工程量计算方法
单层玻璃窗	单层玻璃窗	1.00	按单面洞口面积
	一玻一纱窗	1.36	
	二玻一纱窗	2.60	
	单层组合窗	0.83	
	双层组合窗	1.13	
	木百页窗	1.50	

套用木扶手（不带托板）定额其工程量乘以下列系数　表 4-18

定额项目	项目名称	系数	工程量计算方法
木扶手不带托板	木扶手不带托板	1.00	按延长米
	木扶手带托板	2.60	
	窗帘盒	2.04	
	封檐板、顺水板	1.74	
	挂衣板、黑板框	0.52	
	生活园地框	0.52	
	挂镜线、窗帘棍	0.35	

套用其他木材面定额工程量乘以下列系数

表 4-19

定额项目	项目名称	系数	工程量计算方法
其他木材面	纤维板、胶合板顶棚	1.00	长×宽
	清水板条顶棚、檐口	1.07	
	木方格吊顶顶棚	1.20	
	吸音板、墙面、顶棚面	0.87	
	鱼鳞板墙	2.48	
	木护墙、墙裙	0.91	
	窗台板、筒子板、盖板	0.82	
	暖气罩	1.28	
	屋面板（带檩条）	1.11	斜长×宽
	木间壁、木隔断	1.90	
	玻璃间壁露明墙筋	1.65	
	木栅栏、木栏杆带扶手	1.82	
	木屋架	1.79	跨度（长）×中高×1/2
	衣柜、壁柜	0.91	投影面积（不展开）
	零星木装修	0.87	展开面积

套用木地板定额其工程量乘以下列系数

表 4-20

定额项目	项目名称	系数	工程量计算方法
木地板	木地板、木踢脚线	1.00	长×宽
	木楼梯（不包括底面）	2.30	水平投影面积

套用单层钢门窗定额其工程量乘下列系数

表 4-21

定额项目	项目名称	系数	工程量计算方法
单层钢门窗	单层钢门窗	1.00	洞口面积
	一玻一纱钢门窗	1.48	
	钢百页门	2.74	
	半截百页钢门	2.22	
	满钢门或包铁皮门	1.63	
	钢折叠门	2.30	
	射线防护门	2.96	框（扇）外围面积
	厂库平开、推拉门	1.70	
	钢丝网大门	0.81	
	间壁	1.85	长×宽
	平板屋面	0.74	斜长×宽
	瓦垄板屋面	0.89	
	排水、伸缩缝盖板	0.78	展开面积
	吸气罩	1.63	水平投影面积

套用其他金属面定额其工程量乘下列系数

表 4-22

定额项目	项目名称	系 数	工程量计算方法
其 他 金 属 面	钢屋架、天窗架、挡风架、屋架梁、支撑、檩条	1.00	重量（t）
	墙架（空腹式）	0.50	
	墙架（格板式）	0.82	
	钢柱、吊车梁、花式梁、柱、空花构件	0.63	
	操作台、走台、制动梁、钢梁、车挡	0.71	
	钢栅栏门、栏杆、窗栅	1.71	
	钢爬梯	1.18	
	轻型屋架	1.42	
	踏步式钢扶梯	1.05	
	零星铁件	1.32	

套用平板屋面定额（涂刷磷化锌黄底漆）

其工程量乘下列系数　　表 4-23

定额项目	项目名称	系 数	工程量计算方法
平 板 屋 面	平板屋面	1.00	斜长×宽
	瓦垄板屋面	1.20	
	排水、伸缩缝盖板	1.05	展开面积
	吸气罩	2.20	水平投影面积
	包镀锌铁皮门	2.20	洞口面积

【例 4-46】 某工程如图 4-18 所示尺寸，地面为 107 胶水泥彩色地面，三合板木墙裙上润油粉，刷硝基清漆，墙面、顶棚喷塑（幼点），求定额直接费。

套用抹灰面定额其工程量乘下列系数　表 4-24

定额项目	项目名称	系 数	工程量计算方法
抹 灰 面	槽形底板、混凝土折板	1.30	长×宽
	有梁板底	1.10	
	密肋、井字梁底	1.50	
	混凝土平板式楼梯底	1.30	水平投影面积

解： a. 水泥彩色地面工程量 = (6.00 − 0.24)(3.60 − 0.24) = 19.35m²

套 5235，定额直接费 = 0.1935 × 570.88
= 110.47 元

b. 墙裙刷漆工程量 = [6.00 − 0.24 + 3.60 − 0.24) × 2 − 1.00] × 1.00 × 0.91 = 15.69m²

套 5092，定额直接费 = 0.1569 × 2689.98
= 422.06 元

c. 墙面喷塑工程量 = (5.76 + 3.36) × 2 × 2.20 − 1.00 × (2.70 − 1.00) − 1.50 × 1.80 = 35.73m²

套 5214，定额直接费 = 0.3573 × 846.88
= 302.59 元

d. 顶棚喷塑工程量 = 5.76 × 3.36
= 19.35m²

套 5218，定额直接费 = 0.1935 × 864.32
= 167.25 元

直接费合计 = 110.47 + 422.06 + 302.59 + 167.25 = 1002.37 元

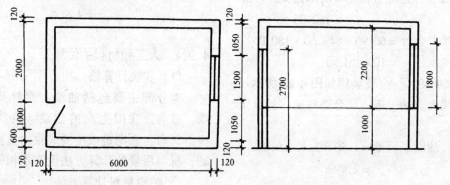

图 4-18

【例 4-47】　某工程如图 4-19 所示，踢脚板刷过氯乙烯漆五遍，墙面贴对花墙纸，挂镜线以上及顶棚刷仿瓷涂料二遍，计算定额直接费。

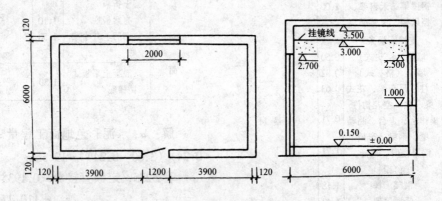

图 4-19

解：a. 踢脚板工程量 $=$ 〔（$9.00-0.24$ $+6.00-0.24$）$\times 2-1.20+0.12\times 2$〕$\times$ $0.15=4.21m^2$

套 5206，定额直接费 $=0.0421\times$ $1447.19=60.96$ 元

b. 墙面对花墙纸工程量 $=$（$9.00-0.24$ $+6.00-0.24$）$\times 2\times$（$3.00-0.15$）-1.20 $\times$（$2.70-0.15$）$-2.00\times 1.50=76.70m^2$

套 5256，定额直接费 $=0.7670\times$ $1107.69=849.60$ 元

c. 仿瓷涂料工程量 $=$（$9.00-0.24+$ $6.00-0.24$）$\times 2\times 0.50+$（$9.00-0.24$） （$6.00-0.24$）$=64.98m^2$

套 5223，定额直接费 $=0.6498\times 277.10$ $=180.05$ 元

直接费合计 $=60.96+849.60+180.05$ $=1090.61$ 元

【例 4-48】　全玻璃门如图 4-20 所示尺寸，油漆为底油一遍，调合漆四遍，计算定额直接费。

解：油漆工程量 $=1.50\times 2.40\times 0.83$ $=2.99m^2$

套 5005、5033，定额直接费 $=0.0299\times$ （$791.70+207.45$）$=29.87$ 元

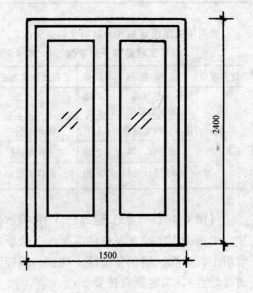

图 4-20

4.9.4　人工和材料的估算

（1）实物计算法

本分部主要包括油漆、涂料及裱糊等项。目前，我国生产的油漆、涂料种类繁多。其命名原则是以主要成膜物质树脂为基础，材料用量的计算方法也基本相同。

1）油漆材料计算方法

在一个装饰工程中，往往会使用几种油

漆饰面。计算时须根据施工图纸将各种油漆面积先估算出来，对圆弧面、迭级面等应展开计算；对木线条油漆通常按其宽度乘上1.5，再乘以其长度，求出油漆面积。

将每种油漆面积，乘以油漆每 m^2 用量，便可得到该种油漆的重量。其计算公式为：

油漆用量（kg）= 油漆饰面面积（m^2）× 油漆每 m^2 用量（kg/m^2）

【例 4-49】 某项目需刷油漆 $200m^2$，油漆每 m^2 用量为 100g。计算油漆用量。

解： 刷一遍油漆用量 = 200 × 100 ÷ 1000
= 20kg

油漆单位面积用量，应考虑漆膜防护厚度，分别用浅、中、深色遮盖率用量比例综合确定。常用油漆每 m^2 用量见表 4-25。

普通木门窗、钢门窗等项；按展开面积计算油漆面积，计算工程量会很大。为了计算方便，一般是按投影面积确定用量。普通木门及金属材料油漆每平方米投影面积用量见表 4-26。

常用油漆用量表（kg/m^2） 表 4-25

油漆种类	用 途	材料项目	普通油漆处理	精细油漆饰面
酚醛清漆	普通木饰面	酚醛清漆	0.12	
		松 节 油	0.02	
硝基清漆（蜡 克）	木顶棚、木墙裙、木造型、木线条、木家具饰面	虫 胶 片	0.023	0.03
		工业酒精	0.14	0.20
		硝基清漆	0.15	0.22
		香 蕉 水	0.80	1.40
聚氨酯清漆	木顶棚、木墙裙、木造型、木线条、木家具饰面	虫 胶 片	0.023	0.03
		酒 精	0.14	0.25
		聚氨酯漆	0.12	0.15
硝基喷（手扫漆）	木造型、木线条、钢木家具	硝基清漆	0.11	0.15
		香 蕉 水	1.20	1.80
硝基清漆	木造型、木线条、钢木家具	硝基清漆	0.11	0.15
		香 蕉 水	1.10	1.60
酚醛磁漆	普通木饰面	酚醛磁漆	0.14	
		松 节 油	0.05	

普通木门窗与金属材料油漆单位投影面积用量表（kg） 表 4-26

饰面项目	深色调合漆	浅色调合漆	防锈漆	深色原漆	浅色原漆	熟桐油	松节油
浅色普通窗	0.15			0.12		0.80	
深色普通门	0.21			0.16			0.05
深色木板壁	0.07			0.07			0.04
浅色普通窗		0.175			0.25		0.05
浅色普通木		0.24			0.33		0.08
浅色木板壁		0.08			0.12		0.04
旧门重油漆	0.21						0.04
旧窗重油漆	0.15						0.04
新钢门窗油漆	0.12		0.05				0.04
旧钢门窗油漆	0.14		0.10				

2) 涂料用量计算方法

涂料主要涂刷在墙面和顶棚上，应根据基层表面的平滑程度确定用量。基面平滑每千克涂料涂刷的面积就多；基层粗糙每千克涂料涂刷的面积就少。用料的计算公式同油漆。常见涂料用量见表4-27。

常用涂料用量表（m²/kg）　　表4-27

涂 料 名 称	平滑墙面用量	普通墙面用量
106涂料	5.5~8	5~5.6
LT-2平光乳胶涂料	6~7.5	5~6.5
LT-3Ⅰ型、LT-3Ⅱ型涂料	6~7.5	5~6.5
丙烯酸内墙涂料	3~4	2.5~3
JQ-83耐擦洗涂料	4~5	3~4
8201-4苯丙内墙涂料	6~7	5~6
KFT-831内墙涂料	4	3.5
PG-838可擦涂料	4.5	4

浮雕型涂料，主要有喷涂、弹涂、喷塑等。一般由底油、骨架料和面油三部分组成。其用量按工艺要求不同有所差别。常见的喷涂材料用量见表4-28。

常见喷涂材料用量（m²/kg）　　表4-28

喷涂用料品种	喷大点中压花		喷中点、幼点	
	油　性	水　性	油　性	水　性
底　油	8~10	10~12	8~10	10~12
骨　料	1~1.2	1~1.1	1.3~1.8	1.3~1.5
面　油	5~6	2~3	6.5	2~3

3) 裱糊材料计算方法

裱糊材料主要是指普通壁纸、金属壁纸、锦缎等需要用胶粘贴的材料。

每100m²材料用量 = 实贴面积 × （1 + 损耗率）

损耗率主要考虑阳角甩边、整卷裁余甩头等，损耗率一般综合取定为10%。采用仿锦缎所用的粘结材料主要有：壁纸粉、

107胶、纤维素和乳胶。

a. 壁纸粉是成盒包装，可用盒为计算单位，每盒壁纸粉可贴23m²左右的壁纸材料。

b. 在107胶中，通常加入少量的甲基纤维素组成混合液，其质量比为107胶：甲基纤维素（干粉）：水 = 100:5:40。这种以107胶为主的混合液，每千克可贴5m²左右的墙纸材料。

c. 如以乳胶为主组成混合液，其质量比为乳胶：甲基纤维素干粉：水 = 60:5:40。这种混合液主要用于粘贴锦缎和丝绒布等纺织品饰面材料。每千克混合液可贴3.5m²。

(2) 定额估算法

【例4-50】　某工程有双层（一板一纱）木门2个，尺寸为1000mm×2400mm，油漆为底油一遍，调合漆二遍。计算工料用量。

解：工程量 = 1.00 × 2.40 × 2 × 1.36

　　　　　 = 6.53m²

套5001，综合工日 = 0.0653 × 20.35

　　　　　　　　 = 1.33 工日

无光调合漆 = 0.0653 × 24.96 = 1.63kg

调合漆 = 0.0653 × 22.04 = 1.44kg

【例4-51】　某工程顶棚和墙面刷仿瓷涂料380m²（二遍），计算综合工日和主要材料用量。

解：工程量 = 380m²

套5223，综合工日 = 3.80 × 11.20

　　　　　　　　 = 42.56 工日

双飞粉 = 3.80 × 200 = 760kg

117胶 = 3.80 × 80 = 304kg

【例4-52】　某工程贴对花墙纸35m²，计算综合工日和墙纸材料用量。

解：工程量 = 35m²

套5256，综合工日 = 0.35 × 19.92

　　　　　　　　 = 6.97 工日

墙纸 = 0.35 × 115.79 = 40.53m²

4.10 其他工程

4.10.1 定额内容简介

　　其他工程是指在装饰工程中不单独构成装饰主体，而与装饰主体（地面、墙面、天棚等）配套的零星装饰项目。主要包括招牌基层、美术字安装、压条、装饰条、零星装修、柜类、铲除及门窗铲油灰等。共116个子目。

4.10.2 定额使用说明

　　（1）本章定额除铁件外，均不包括油漆、防火漆工料。如需做油漆、防火漆时，套用油漆工程相应定额。

　　（2）本章安装项目，当材料品种与定额不同时可以换算，但人工、材料消耗量不予调整。

定额项目划分如下：

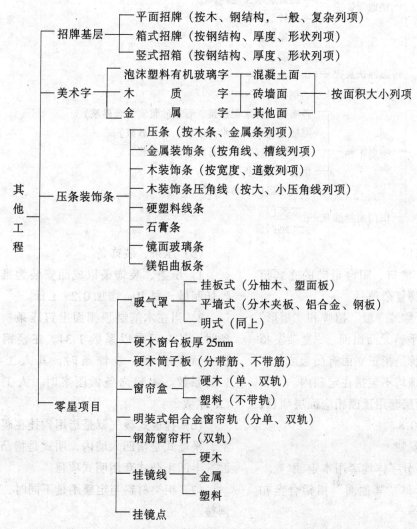

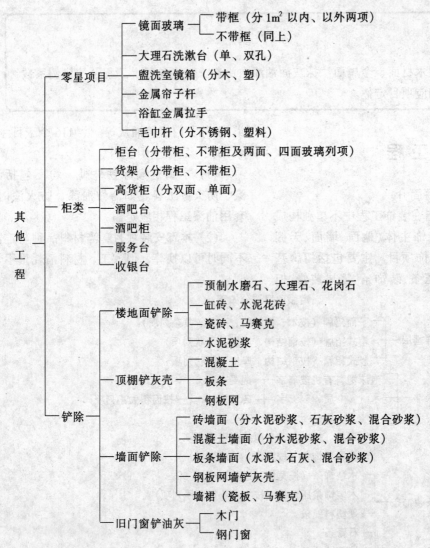

其他工程
├─ 零星项目
│ ├─ 镜面玻璃
│ │ ├─ 带框（分 1m² 以内、以外两项）
│ │ └─ 不带框（同上）
│ ├─ 大理石洗漱台（单、双孔）
│ ├─ 盥洗室镜箱（分木、塑）
│ ├─ 金属帘子杆
│ ├─ 浴缸金属拉手
│ └─ 毛巾杆（分不锈钢、塑料）
├─ 柜类
│ ├─ 柜台（分带柜、不带柜及两面、四面玻璃列项）
│ ├─ 货架（分带柜、不带柜）
│ ├─ 高货柜（分双面、单面）
│ ├─ 酒吧台
│ ├─ 酒吧柜
│ ├─ 服务台
│ └─ 收银台
└─ 铲除
   ├─ 楼地面铲除
   │ ├─ 预制水磨石、大理石、花岗石
   │ ├─ 缸砖、水泥花砖
   │ ├─ 瓷砖、马赛克
   │ └─ 水泥砂浆
   ├─ 顶棚铲灰壳
   │ ├─ 混凝土
   │ ├─ 板条
   │ └─ 钢板网
   ├─ 墙面铲除
   │ ├─ 砖墙面（分水泥砂浆、石灰砂浆、混合砂浆）
   │ ├─ 混凝土墙面（分水泥砂浆、混合砂浆）
   │ ├─ 板条墙面（水泥、石灰、混合砂浆）
   │ ├─ 钢板网墙铲灰壳
   │ └─ 墙裙（瓷板、马赛克）
   └─ 旧门窗铲油灰
      ├─ 木门
      └─ 钢门窗

（3）招牌基层

1）沿雨篷、檐口、阳台走向的立式招牌，套用平面招牌复杂项目。

2）定额中所称"一般"招牌和"矩形"招牌是指正立面平整无凸出面。"复杂"招牌和"异形"招牌是指正立面有凸起或艺术造型。招牌的灯饰均不包括在定额内。

3）招牌的面层套用顶棚相应面层项目，其人工乘以系数 0.8。

（4）美术字安装

1）美术字不分字体均套用本定额。

2）定额中所称"其他面"指铝合金扣板面、钙塑板面等。

（5）压条、装饰条

1）压条、装饰条以成品安装为准，如现场制做，每 10m 增加 0.25 工日。

2）当在木基层顶棚面上钉压条、装饰条时，其人工乘以系数 1.34。在轻钢龙骨顶棚面钉压条、装饰条时，其人工乘以1.68系数。木装饰条做图案时，人工乘以1.8系数。

（6）挂板式暖气罩是指用钩挂在暖气片上，平墙式是指凹入墙内，明式是指凸出墙面，半凹半凸式套用明式项目。

（7）柜类材料与定额用量不同时，可以调整。

4.10.3 其他工程主要分项工程量计算与定额的应用

（1）平面招牌基层，按正立面面积计算，复杂形凸凹造型部分不增减。

（2）沿雨篷、檐口或阳台的平面立式招牌基层为"复杂"形状时，按展开面积计算。

（3）箱体招牌和竖式标箱基层，按外围体积计算。突出箱外的灯饰、徽标及其他艺术装潢等另行计算。

（4）压条、装饰条均按延长米计算。

（5）美术字安装，按字的最大外围面积（长方形或正方形）计算。

【例 4-53】 某工程檐口上方设招牌，长 28m，高 1.5m，钢结构基层，铝合金扣板面层，角铝收边，上嵌 8 个 1000mm × 1000mm 泡沫塑料有机玻璃面大字，求定额直接费。

解： 1）招牌钢结构基层工程是 = 28 × 1.5 = 42m²

套 6004，定额直接费 = 4.2 × 772.94 = 3246.35 元

2）招牌铝合金扣板面层工程量 = 42m²

套 3116（换），基价 = 22 331.44 − 263.97 × 0.2 = 22 278.65 元/100m²

定额直接费 = 0.42 × 2278.65 = 9357.03 元

3）周边铝合金角线工程量 = （28 + 1.5）× 2 = 59m

套 6042，定额直接费 = 0.59 × 505.67 = 298.35 元

4）美术字工程量 = 8 个

套 6021，基本直接费 = 0.8 × 98.38 = 78.70 元

定额直接费 = 3246.35 + 9357.03 + 298.35 + 78.70 = 1298.43 元

注：没有考虑美术字成品费。

（6）暖气罩包括脚的高度在内，按边框外围尺寸垂直投影面积计算。

【例 4-54】 五合板平墙式暖气罩，长 1500mm，高 900mm，共 18 个，计算定额直接费。

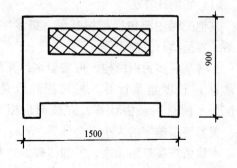

图 4-21

解： 工程量 = 1.5 × 0.9 × 18 = 24.30m²

套 6058，定额直接费 = 2.43 × 513.79 = 1248.51 元

（7）窗台板、筒子板按实铺面积计算。

（8）窗帘盒、明式铝合金轨按设计尺寸计算。如设计图纸没有尺寸时，可以按窗洞口尺寸加 300mm；钢筋窗帘杆加 600mm 以延长米计算。

【例 4-55】 某工程窗宽 2m，共 8 个，制安木制窗帘盒，带铝合金窗帘轨（双轨），计算定额直接费。

解： 窗帘盒（带双轨）工程量 = （2 + 0.3）× 8 = 18.4m

套 6068，定额直接费 = 0.184 × 3346.92 = 615.83 元

（9）货架、高货柜、收银台按正立面面积计算，包括脚的高度在内。其他柜类项目均按米计算。

（10）其他安装项目，按实际量以定额中所示计量单位计算。

【例 4-56】 某商店标准木制收银台 2 个，正立面面积为 1200mm × 900mm，计算定额直接费。

解： 工程量 = 1.2 × 0.9 × 2 = 2.16m²

套 6100，定额直接费 = 2.16 × 296.95 = 641.41 元

(11) 楼梯表面铲除其工程量按水平投影面积乘以 1.4 系数，套楼地面定额。

4.10.4 人工和材料的估算

(1) 实物计算法

其他工程主要包括招牌基层、美术字、压条、零星项目及柜类等。

招牌基层多为钢结构，可按型钢计算长度乘每 m 长度重量计算，另加损耗数量。面层按不同材料规格计算，方法同顶棚面层。美术字根据字的大小以个计算。

木线条按实钉贴长度，另加损耗量，其损耗量为 3% ~ 5%。木线条辅助材料是钉和胶，如用钉枪钉来固定，每 100m 木线条需 0.5 盒；小规格木线条一般用 20mm 的钉枪钉，如用 1 英寸圆钉，每 100m 需用 0.3kg 左右。木线条粘贴可用白乳胶、309 胶、立时得等，每 100m 木线条需用 0.4 ~ 0.8kg。不锈钢条主要有角线和槽线，应按实际镶嵌长度，另加 2% ~ 5% 的损耗量，较宽者应展开计算。

柜类较复杂，可按不同类型材料分别统计，另加损耗量计算。

(2) 定额估算法

【例 4-57】 某工程钉 30mm × 10mm 木压条 82.3m，计算木条、铁钉数量。

解：钉木压条工程量 = 82.3m

套 6040，30mm × 10mm 木压条数量

= 0.823 × 105 = 86.42m

铁钉数量 = 0.823 × 0.29 = 0.24kg

小   结

本节介绍各种招牌、美术字、压条、装饰条、零星项目及铲除项目。美术字定额按成品价考虑的，铲除项目适合二次装饰工程。

思考题

1. 简述建筑装饰工程预算的作用。

2. 简述建筑装饰工程预算的编制依据。

3. 试述建筑装饰工程预算的编制步骤。

4. 工料分析及成品、半成品汇总资料有什么用处？

5. 编制说明的内容有哪些？

6. 什么叫施工定额？它具有哪些性质？

7. 简述施工定额的概念和作用。

8. 什么是劳动定额？有哪几种表现形式？相互关系如何？

9. 简述全国统一劳动定额的适用范围及作用。

10. 劳动定额的定额时间包括哪些内容？

11. 劳动定额的制定方法有哪几种？各自有哪些优缺点？

12. 简述材料消耗定额的作用和制定方法。

13. 什么是机械台班定额？有几种表现形式？

14. 简述预算定额的概念和作用。

15. 预算定额的编制依据有哪些？

16. 预算定额人工消耗指标包括哪些用工量？人工幅度差的因素有哪些？

17. 预算定额材料消耗指标，由哪几部分构成？可以分为几种材料类型？

18. 机械幅度差包括哪些因素？

19. 全国统一建筑装饰工程预算定额总说明主要包括哪些内容？

20. 简述全国统一建筑装饰工程预算定额的适用范围及作用。

21. 叙述雨篷、车篷、阳台、外走廊、室外楼梯等项目的建筑面积计算规则。

22. 预算定额套用分哪几种情况？适合在什么情况下使用？

23. 预算定额中日工资单价是由哪几部分组成的？

24. 工人劳动一天，是否只领取定额规定的日工资？为什么？

25. 什么叫材料预算价格？它由哪几部分组成？

26. 材料预算价格有什么作用？

27. 材料预算价格中采购保管费包括哪些内容？如何计算？

28. 机械台班单价由哪些费用构成？

29. 什么是单位估价表？它有什么作用？

30. 地区单位估价表的编制依据是什么？

31. 单位估价表与预算定额有何区别？

32. 什么是单位估价汇总表？它与单位估价表的区别和关系是什么？

33. 建筑工程造价由哪些费用组成？

34. 何为工程直接费？它由哪些费用组成？

35. 简述其他直接费的概念及组成。

36. 什么叫临时设施费？它包括哪些内容？

37. 简述企业管理费的概念和作用。

38. 企业管理费包括哪些内容？

39. 叙述本地区各项费用的计取方法和取费标准。

40. 结合本地区的有关规定写出预算取费程序。

41. 你认为建筑产品的价格体系要怎样改革才能搞活建筑业？

计算题

1. 某工程地面及踢脚线如图 4-22 所示，门宽 800mm 计算地面及踢脚线的定额直接费及人工和缸砖材料用量。

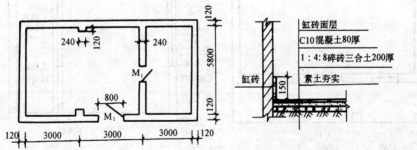

图 4-22

2. 某楼面工程如图 4-23 所示，门宽 1000mm，计算该工程楼面和踢脚板的定额直接费。

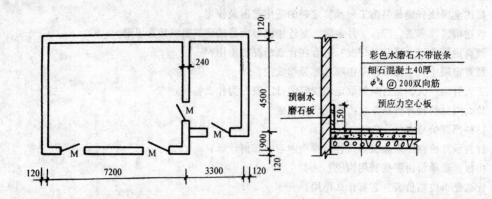

图 4-23

3. 某二层楼房，顶层楼梯平面如图 4-24 所示，楼梯台阶及平台全部铺贴花岗石板，计算该工程楼梯面层定额直接费和花岗石板数量。

4. 某工程如图 4-25 所示，计算该工程墙面、外墙裙及柱面的定额直接费。M 尺寸为 1000mm×2400mm；C 尺寸为 1500mm×1500mm；柱断面 240mm×240mm。

5. 某商店内有钢筋混凝土柱子 8 个，直径 1200mm，高度 3800mm，贴花岗石条板，计算全部饰面的定额直接费和其中的人工费。

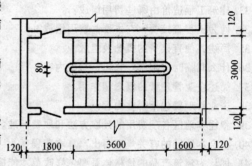

图 4-24

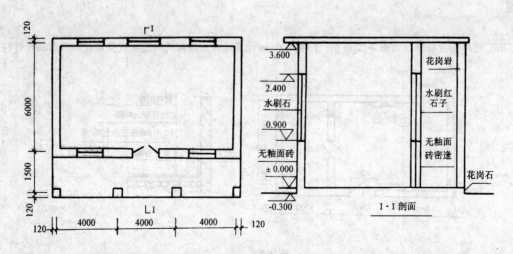

图 4-25

6. 计算图 4-26 顶棚工程基层和面层的定额直接费。

7. 轻钢龙骨顶棚，不上人型龙骨间距为 600mm×600mm，一级顶棚，换算顶棚龙骨基价。

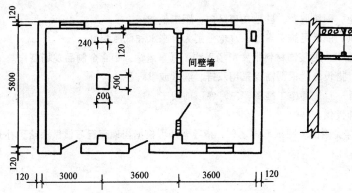
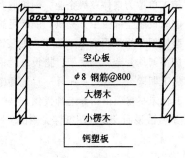

空心板

$\phi 8$ 钢筋@800

大楞木

小楞木

钙塑板

图 4-26

8. 某工程铝合金门连窗如图 4-27 所示，共 20 樘，窗带纱扇，门不带纱扇，玻璃厚度 5mm，计算定额直接费。

9. 某商店制安铝合金卷闸门窗，共 8 个窗，每个 2400mm × 2200mm，2 个门，每个尺寸 1800mm × 3200mm，电动装置 2 个，活动小门 2 个。计算定额直接费。

10. 一玻一纱木窗面积 567.43m²，设计油漆做法为润油粉、刮腻子、调合漆一遍，磁漆三遍，计算油漆定额直接费。

11. 某工程柚木板贴面窗帘盒，工程量为 32m，刷醇酸清漆四遍，计算窗帘盒油漆定额直接费。

12. 某单位外购 8 个 400mm × 400mm 铜字，3 个 150mm × 150mm 铜字，单价分别为 234 元和 84 元，计算该项目制作、安装费（基层为混凝土）。

13. 某单位在砖墙上固定 12 个 1200mm × 1000mm 木骨架三合板宣传标语牌，板面刷白调合漆三遍，计算定额直接费。

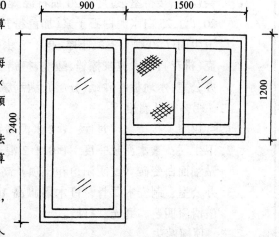

图 4-27

综合练习题

1. 课题：编制一般公共建筑装饰工程预算。

2. 内容：（1）计算工程量并汇总；（2）套预算单价；（3）计算各项费用；（4）进行工料分析；（5）编制预算书编制说明；（6）设计封面。

3. 依据：某工程会议用房设计图纸；现行建筑装饰工程预算定额、费用定额和地区单位估价表及地区现行取费程序等。

4. 目的：通过该综合练习题的综合练习，进一步了解定额，掌握工程量计算规则，学会使用装饰预算定额，熟悉各种表格的使用，懂得各种费用的计取和工料分析，对预算有一个初步了解。有条件的学校也可上机编制预算，通过上机操作，对计算机编制预算进行全面了解，为走向社会打下良好的基础。

5. 要求：在教师演练指导下，编制完整的施工图预算。该预算作业时间约为 24 学时。

6. 施工说明：

(1) 施工单位为集体三级企业，丙级取费，驻地在市区内，距工地 2km。

(2) 临时设施全部由甲方提供，能满足施工需要；水电分别为自来水和低压配电。

(3) 装饰用品均从距施工工地 5km 的装饰材料批发市场采购，汽车运输；铝合金制品现场制作。

(4) 脚手架均为金属脚手架，搭设形式根据需要采用双排、满堂或里脚手。

(5) 施工期限合同规定：三月一日进场施工准备，三月底以前竣工。

(6) 其他未尽事项由指导老师提供。

7. 建筑做法说明及设计图纸详见附图。图纸不详之处，指导老师可根据当地现行习惯做法给予补充。

做 法 说 明

一、地面

1. 会议室、接待室、过厅：C20 细石混凝土厚 60，素水泥浆一度，1:3 水泥砂浆厚 20，1:1.25 白水泥白石子浆（加色粉）厚 20（塑料嵌条分格）磨光、清洗、打蜡。

2. 卫生间：C20 细石混凝土厚 60，1:3 水泥砂浆找平厚 15，1:2 水泥砂浆贴马赛克（拼花），素水泥浆擦缝、酸洗、打蜡。

3. 办公室：木地板磨砂纸（分层），满刮腻子，刷醇酸清漆四遍，磨光、打蜡。

二、踢脚板及墙裙

1. 会议室、接待室、过厅：1:2 水泥砂浆贴大理石踢脚板高 160，素水泥擦缝。

2. 卫生间：素水泥浆一度，1:0.2:2 混合砂浆找平厚 12，1:2 水泥砂浆厚 10，贴釉面白瓷砖（配阴阳角和压顶）高 1500，白水泥擦缝。

3. 办公室：制安木龙骨，钉木踢脚高 160，磨砂纸（分层），满刮腻子，刷醇酸清漆四遍，磨光、打蜡。

三、顶棚做法

1. 会议室：顶棚面及窗帘盒木板面磨砂纸，润油粉，刮腻子，刷调色漆一遍，磁漆两遍。

2. 接待室、过厅：混凝土板缝预埋木砖，安放木吊筋，制安主龙骨，制安次龙骨（底平一平），钉铺水泥木丝板，满刮腻子三遍，磨光，刷乳胶漆三遍。

3. 卫生间、办公室：抹灰面满刮腻子三遍，磨光，刷乳胶漆三遍。

四、木门窗油漆：木门磨砂纸，润油粉一遍，刮腻子，刷醇酸清漆四遍，磨退出亮；木窗磨砂纸，润油粉一遍，刮腻子，刷调和漆二遍，磁漆二遍，磨退出亮。

会议用房 A

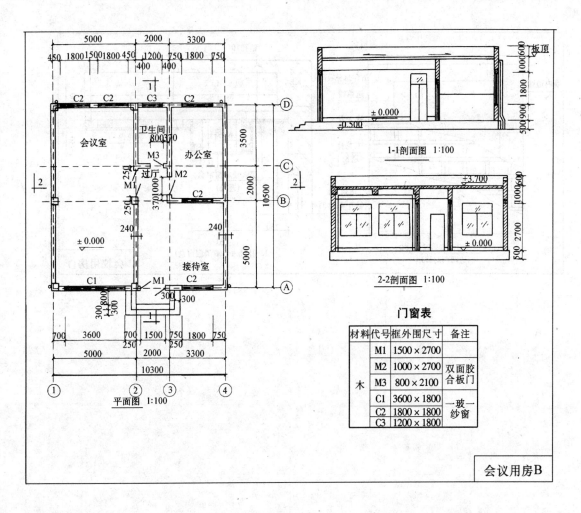

平面图 1:100

会议室　卫生间　办公室　过厅　接待室

C1 C2 C3 M1 M2 M3

± 0.000

10500　10300

1-1剖面图 1:100

板顶　± 0.000　-0.500

2-2剖面图 1:100

+3.700　± 0.000

门窗表

材料	代号	框外围尺寸	备注
木	M1	1500×2700	
	M2	1000×2700	双面胶合板门
	M3	800×2100	
	C1	3600×1800	一玻一纱窗
	C2	1800×1800	
	C3	1200×1800	

会议用房B

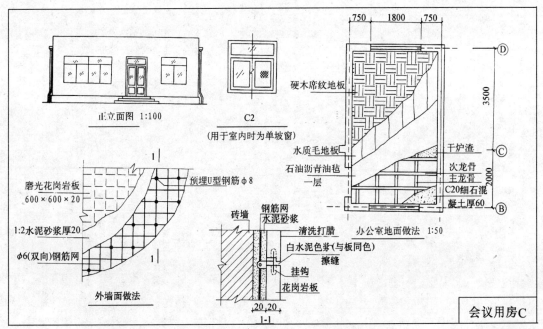

正立面图 1:100

C2
(用于室内时为单坡窗)

硬木席纹地板
水质毛地板
石油沥青油毡
一层
干炉渣
次龙骨
主龙骨
C20细石混凝土厚60

办公室地面做法 1:50

磨光花岗岩板
600×600×20
预埋U型钢筋φ8
1:2水泥砂浆厚20
φ6(双向)钢筋网

外墙面做法

砖墙
钢筋网
水泥砂浆
清洗打腊
白水泥色浆(与板同色)
擦缝
挂钩
花岗岩板
20 20
1-1

会议用房C

149

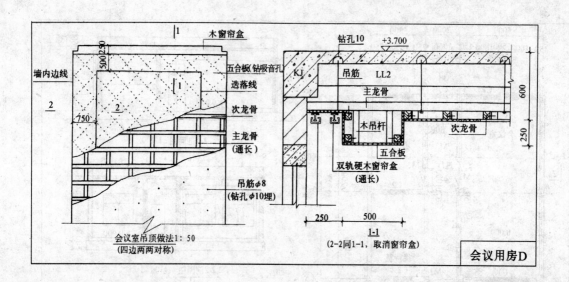

会议室吊顶做法1:50
(四边两两对称)

1-1
(2-2同1-1,取消窗帘盒)

会议用房D

参 考 文 献

1 吴之昕主编 . 建筑装饰工长手册 . 北京：中国建筑工业出版社，1996

2 劳动部培训司组织编写 . 数学 . 第 2 版 . 北京：中国劳动出版社，1990

3 沈伦序，宋惠芬 . 建筑力学 . 北京：中国建筑工业出版社，1992

4 陈大，沈序伦 . 建筑力学（上、下册）. 北京：高等教育出版社，1993

5 贾德华，赵永安，于淑英，建筑力学与结构 . 北京：中国建筑工业出版社，1993

6 翁信章，孙家驹，陈次梅 . 工程力学 . 北京：中国建筑工业出版社，1991

7 栗一凡 . 材料力学 . 北京：高等教育出版社，1985

8 伍云青，周能礼 . 理论力学（上册）. 上海：同济大学出版社，1987

9 吴惠华，宋美君 . 结构力学 . 北京：高等教育出版社，1989

10 山东省建筑工程管理局编 . 建筑工程定额与预算 . 黄河出版社，1996

11 史春珊，纪恩成编 . 建筑装饰工程预算 . 沈阳：辽宁科学技术出版社，1990

12 中华人民共和国建设部颁 . 全国统一建筑装饰工程预算定额 . 北京：中国计划出版社，1993